普通高等教育"十二五"艺术设计类专业规划教材

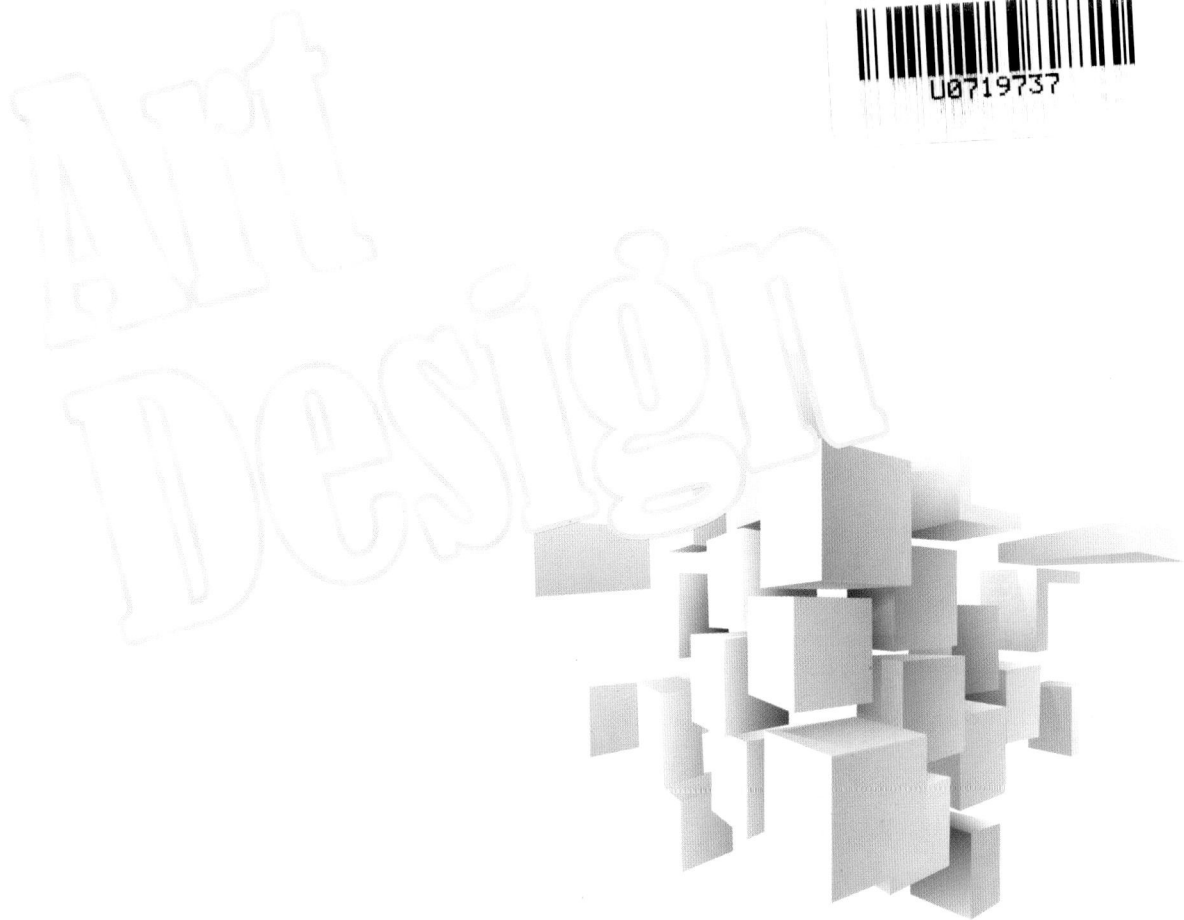

U0719737

室内外环境模型制作

主　编　张文瑞　王　鑫

副主编　车俊英

西安交通大学出版社
XI'AN JIAOTONG UNIVERSITY PRESS

内 容 提 要

　　本书从课程特点和教学实际要求出发，结合作者多年的教学经验编写而成。书中比较系统地介绍了模型的概念、作用、分类、发展历程和未来的发展趋势，以及有关室内外环境模型制作材料的选用和工具的使用要点，强调模型制作的具体过程与加工工艺，并针对每章教学的内容，提出了相应的专题训练作业，以及安全防范要求等知识，并附有部分优秀室内外环境模型作品的图片。对于模型制作实践应用的强调，符合室内外环境设计的发展需要，体现了科学的教学新思维，具有一定创新性和实用性。本书内容丰富，形象直观，既可作为普通高等院校环境设计、室内设计、家具设计、建筑学等专业的模型制作课程教学用书，也可作为有关室内外环境模型的制作人员的参考用书。

前言
Foreword

设计的过程是一个曲折的思维过程,一般通过设计图纸、计算机图形、实体模型三种重要的媒介进行表达。尽管计算机图形能虚拟出三维空间效果,但从本质上与设计图纸都属于二维平面图示类。随着设计不断细化,要想更好地从三维的视角去表现设计思想,感知立体空间关系,实体模型就成为了深化设计内容的重要工具。设计者动手制作模型,可以把自己的想法融入到模型当中,不仅能表现未来的空间,反映平面图纸上无法反映的问题,节省实验工作时间,甚至能使错综复杂的空间问题得到恰当的解决,使得设计更具科学性、可靠性和可预见性。空间条件与图示条件相比,更容易展示设计者的构思。因此,模型是设计成果的表现"语言"之一,它融合了色彩、空间、形体、结构、材料、比例关系、视觉效果等要素为一体,是设计构思最为直观形象的表达手段,也是设计师和客户之间沟通最便捷的桥梁。

室内外环境模型制作是环境设计专业学生的一门重要的专业基础课程。通过学习,学生将对室内外环境模型的概念、发展历程、作用及分类等理论有一个系统的认识,在模型的制作过程中将对工具的规范使用与操作、材料的性能与特点、加工制作工艺等熟练掌握。这门课程能够结合建筑及其室内外环境进行模型的设计与制作,以培养学生造型设计的表达能力和空间构思能力。

本书在编写中,为了区别学科差异所形成的误解,以"室内外环境模型制作"来命名,内容以室内外建筑空间环境为主,不仅适用于建筑学、环境设计、景观设计和室内设计、家具设计等相关专业的师生使用,也对相关专业的工程设计从业人员同样具有参考价值。书中结合了大量实际教学中的室内外环境模型制作图片,以提高新教材对实践的指导作用。在章节的安排上,体现以艺术理论为基础向科学领域扩展交融的特点,通过设计与创作的实践活动来阐述室内外环境的应用性和重要性。

在本书的编著过程中,受到众多兄弟单位、同行师长及朋友的帮助,在这里表示深深的谢意。感谢兰州交通大学艺术设计学院、西安交通大学出版社,特别感谢西安交通大学出版社编辑赵怀瀛同志在编写过程中给予的大力支持和建议,减少了本书的纰漏。由于笔者水平有限,书中难免有错漏或不当之处,希望广大读者和同行批评指正。

编者

2013.11.19

目 录
Contents

第1章 概　述

课程设计:理论讲授

课时安排:4 学时

作业考核:选择一处房地产售楼部进行实体模型参观学习

1.1 模型的概念

1.1.1 模型概念的理解

模型制作既是一种设计表达方式,又是设计过程中不可缺少的分析、评价、评论手段,甚至某些工艺环节只有通过模型制作,才能确定其设计能否变为可能性。

我国古代最早出现的"模型概念"在公元 121 年成书的《说文解字》中就有解释:以木为法曰"模",以土为法曰"型"。在营造构筑之前,利用直观的模型来权衡尺度、审时度势,"虽盈尺而尽其制"。

《辞海》中对模型的解释为:在工程学上,根据实物、设计图、设想,按比例、生态或其他特征而制成的缩小样品,供展览、绘画、摄影、实验、测绘时使用,材料有木材、石膏、混凝土、金属、塑料等。

在《现代汉语词典(第 6 版)》中,对模型的解释为:依照实物的形状和结构按比例制成的物品,多用于展览或实验。

可以说,模型制作是根据二维图纸中的设计图样和尺寸,运用各种材料,采用合适的结构、相应的加工工艺制作出三维实体形态的表现方法的过程,是表现设计构思及成果,模拟形态结构、体量关系和空间关系的一种手段。设计师和建筑师可以通过模型直观地感受形态体量、推敲细部、调整空间结构。

笔者认为,模型是依据实物、设计图纸、设想等某一形式或内在的联系,按照一定的比例、生态或其他特征制成同实物或虚构物相似的物体,通常具有展览、观赏、绘画、摄影、试验或观测等用途。

1.1.2 模型的设计特征

1. 模型具有高度的表现力和感染力

模型运用多种现代技术、材料与先进的加工工艺,以特有的微缩形象,逼真地表现出立体空间效果。模型外观形象十分逼真,具有更为直观的视觉感受和触觉体验,比设计方案中的透视效果图、平面图、立面图、剖面图等具有更高的表现力和感染力。

2. 模型与图纸是相互的改进设计

模型是根据设计的成果表现其设计意图,原本属工艺制作的范畴。但从设计意图到实物模型的转换过程中,涉及形态、比例、色彩、材料、空间、结构等造型因素的变化,其自身也有设计构思与计划的问题。虽然模型一般按图纸图样制作，但又不完全受图样的限制，为了取得理想的展示效果，在某些时候可以夸张强调。例如，在建筑模型中，层高、比例、材质、间隔等有时需要略加强调或突出，有些开发商要求建筑比环境模型设计效果要更好，这就需要运用设计的手段对建筑与环境模型进行"改进设计"。

3. 模型是多学科交叉的一门专业课

比如，室内外建筑环境模型制作，并不局限于建筑学专业范畴，它涉及建筑设计、室内设计、园林设计、景观设计、都市设计和城市规划等专业的设计内容。从宏观上讲，包括建筑小区、城市鸟瞰；从微观上讲，包括建筑局部、点景表现。

1.2 模型的分类

1.2.1 按照用途分类

1. 参考模型

参考模型又称研究模型，这类模型是在构思造型的设计初期，以草模（粗模）形式出现。它简单、立体地表现体量、大小、比例、局部等，以便于方案构思的形象观察和研究，尽可能地选样易于加工的材料，如纸材、塑料、石膏、油泥、黏土等。

（1）构思模型。

构思模型又称草模、初模，这种模型是在建筑设计、产品设计等造型设计发展的初始阶段，把设计构思用立体模型简单抽象地表示出来，供设计人员深入探讨时使用。这是在方案构思阶段，为了验证工作原理的可行性而制作的一种雏形。它是成果的初步框架。这种模型比较简单，和最终成果可能相差很大。具体如图 1-1 所示。

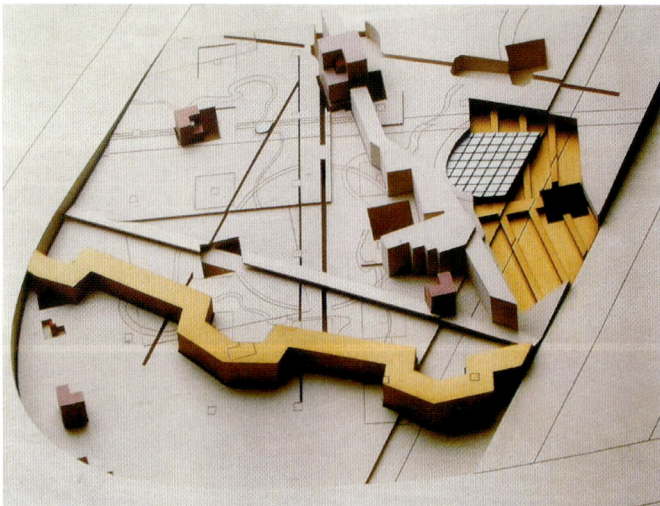

图 1-1 构思模型

（2）概念模型。

概念模型又称概略模型，一般出现在室内外环境草案阶段。这种模型是当各种设计构思初步完成后，为了使构思表达稍微具体，在草模基础上，将一些构思方案制作为稍正规的模型。这种模型是侧重对造型的考虑而制作的模型。概念模型采用体块，以单体的加减和群体的拼接为设计手段,相当于设计草图。概念模型推敲研究设计方案,使之更加完善。它主要采用概括抽象的方法表达造型风格、形状特点、空间体量关系的大致布局安排,以及与人和环境的关系等。具体如图1-2所示。

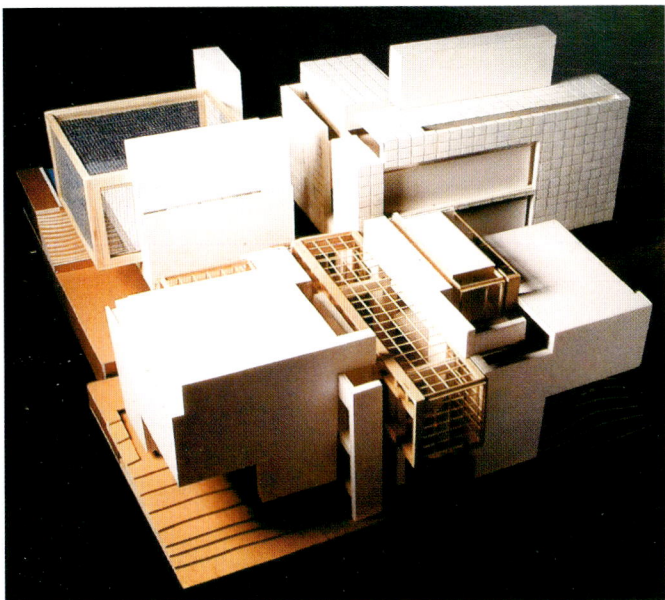

图1-2 概念模型

2. 标准模型

标准模型是在概念模型的基础上进行深化的表现。相对于概念模型而言,标准模型在比例、色彩、材质、细节表达上更趋向真实,是对设计方案中结构与细节的深化,使设计具有实施性。从内容上,标准模型可以分为单体模型和群体模型;从色彩上,标准模型可以分为单色系标准模型和自然色系标准模型。具体如图1-3所示。

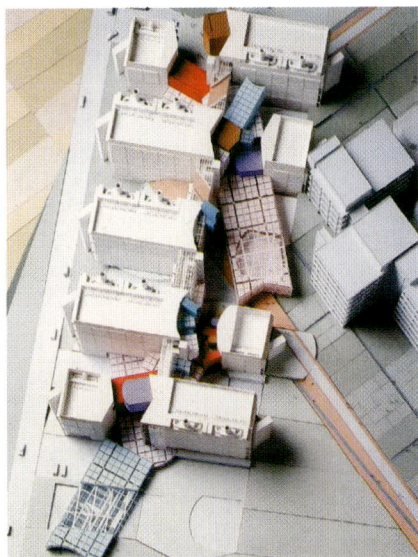

图1-3 标准模型

在模型设计制作中,这一环节称为结构功能模型。所谓结构模型,是指用于研究空间造型与结构的关系,表达产品的结构尺寸和连接方法,并用于进行结构强度试验,是侧重对产品结构的构思。所谓功能模型,是指用于研究产品的各种性能以及人机关系,同时也用于分析、检查设计对象各部分组件尺寸与机体的相互配合关系,并在一定条件下用于试验,是进一步对产品功能的完善。结构模型如图1-4所示。

图1-4 结构模型

3. 展示模型

展示模型是在标准模型的基础上进行的深化表现,是按照一定比例微缩,是设计终期的成果展示。它是以设计方案的总图、平面图、立面图为依据,按比例微缩以求真实、准确,其材料的选择、色彩的搭配也要根据原方案的设计构思,并适当地进行处理。这里强调的表现不是单纯地依图样复制,其目的是在于对设计方案的完善。这类模型做工非常精巧,材料考究,质感强烈,装饰性、形象性、真实性显著,具有强烈视觉冲击力和艺术感染力,是对设计师最终成果的展示,通常作为宣传都市建设业绩、房地产售楼的说明、展览等。

从展示的内容来说,根据模型市场需求不同,不同的行业领域有不同的模型,如室内空间模型、建筑环境模型、工业产品模型(样品)、家具模型、规划模型、园林模型、桥梁模型、港口码头模型、军事模型、场景模型、食品模型、生物模型等。其中,建筑环境模型以直观艺术的造型形象影响较大。建筑环境模型按表现内容又可分为居住建筑环境模型、公共建筑环境模型、农业建筑环境模型、工业建筑环境模型。具体如图1-5、图1-6所示。

1.2.2 按照材料分类

1. 纸质模型

纸质一般用于制作初步方案模型,即以薄纸或纸板来制作草模(或粗模),也可以做单曲面模型或室内家具及建筑模型。纸质取材容易,重量轻,价格低廉,适合做平面或立体形状容易成型的模型。其缺点是不能受压,怕潮湿,容易产生弹性变形。如果要做稍大一点的纸材模型,要在型内做骨架,以增强其强度。纸质模型制作的主要特点是周期短、容易弯折和黏合。具体如图1-7所示。

图 1-5 展示模型之一

图 1-6 展示模型之二

图1-7　纸质模型

2. 木质模型

　　木材资源丰富，重量轻，强度好，不易变形，运输方便，表面易于涂饰，适宜制作体型较大的模型。其缺点是制作费工，成本略高，不易修改和填补。木质模型目前是设计院较广泛使用的一种模型，多用于设计概念的表达。

　　木质模型主要采用的木材一般都是经过二次加工后的原木材和人造板材。人造板材常有胶合板、刨花板、细木工板、中密度纤维板等。家具的模型制作常用木质材料，木质材料也常用来制作结构模型、古建模型。

　　木质模型制作工具和过程要求都很精细，有时还要在雕刻后上色。在木质模型上还可以装贴各种仿真质地的材料。具体如图1-8所示。

图1-8　木质模型

3. 金属模型

金属模型的制作以钢铁材料应用最多,如各种规格的钢铁、管材、板材,有时也少量使用一些铝合金等其他金属材料。金属模型的制作,主要考虑力学性能和成本等方面的因素。力学性能主要从金属材料的强度、弹性、硬度、刚度以及抗冲击拉伸的能力等方面来考虑。金属模型加工工艺主要有切削、焊接、铸造、锻造等。因为实验室加工条件有限,且成形难度大,不易修改而且易生锈,形体笨重,不便运输,所以金属模型工艺选择较少。

4. 塑料模型

塑料是一种制作模型的常用新材料。塑料品种很多,主要品种有五十多种,制作模型应用最多的是热塑性塑料,主要有聚氯乙烯(PVC)、聚苯乙烯、ABS工程塑料、有机玻璃板材、泡沫塑料板材等。聚氯乙烯耐热性低,可使用压塑成型、吹塑成型、压铸成型等多种成型方法。ABS工程塑料的熔点低,用电烤箱、电炉等加热,很容易使其软化,可热压,连接多种复杂的形体,形态丰富多彩、光洁平滑、坚挺牢固,有较高的审美的价值,是当今设计方案论证过程的最佳模型。有机玻璃适光性好,质量轻,强度高,色彩鲜艳,加工方便,具有配合声、光、电等综合效果进行表现的特点,特别适合表现室内外空间中的玻璃结构。具体如图1-9所示。

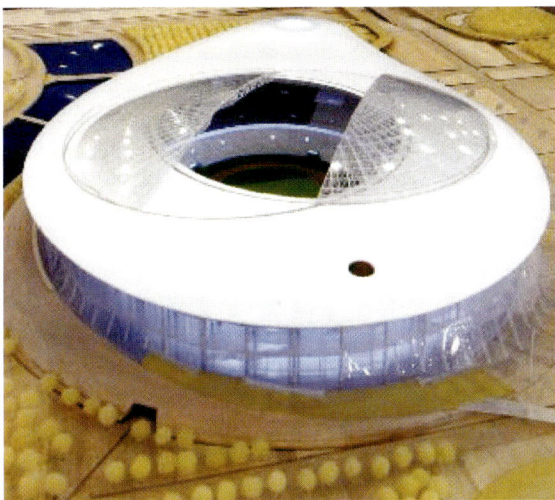

图1-9 塑料模型

5. 石膏模型

石膏的特点是质地细腻,具有一定强度,不易变形走样,成型容易,雕刻方便,方便使用加工,且价格经济,成型后易于表面装饰加工的修补,便于长时间保存,适用于制作各种要求的模型,便于陈列展示。不足之处是较重,怕碰撞挤压。石膏一般用于制作形态不太大,细部刻画不太多,形状也不太复杂的模型实践中。

6. 油泥模型

油泥是一种人造材料。油泥的材料主要成分有滑石粉62%、凡士林30%、工业用蜡8%。凝固后有极软、较软、坚硬三种状态。油泥可塑性强,黏性、韧性比黄泥(黏土模型)强。它在塑造时使用方便,成型过程中可随意雕塑、修整,成型后不易干裂,可反复使用。油泥价格较高,易于携带,制作一些小巧、异型和曲面较多的造型时更为合适,并可在后期上色。一般像车类、船类、景观雕塑、室内小型陈设等模型的制作用油泥极为方便。

7. 玻璃钢模型

玻璃钢模型是采用环氧树脂或聚酯树脂与玻璃纤维制作的模型。首先用石膏翻出阴模，然后在阴模内壁逐层涂刷环氧树脂及固化材料，再褙上玻璃纤维丝或布，待干硬后脱模，便可得到薄壳状的玻璃钢形体。取出的固化模胎须再经过拼接、打磨、修补、刮泥子、喷绘等制作技巧和工艺，才能做出成型的模型。此类模型成型有工艺复杂、成本高、时间长、程序多、气味重（有毒）等不足之处，但具有形态成型精确、可任意环境存放、形态坚硬、表面易装饰等优点，是作为大形态、高价值、长期保存、有效评价或展示用的最佳模型。具体如图1-10所示。

图1-10　玻璃钢模型

8. 黏土材料模型

黏土材料来源广泛，取材方便，价格低廉，经过"洗泥"工序和"炼熟"过程会使其质地更加细腻。黏土具有一定的黏合性，可塑性极强，在塑造过程中，可以反复修改，任意调整修刮填补，比较方便，还可以重复使用，是一种比较理想的造型材料。但是如果黏土中的水分失去过多，则容易使黏土模型出现收缩龟裂，甚至产生断裂现象，不利于长期保存。另外，在黏土模型表面上进行效果处理的方法也不是很多，制作黏土材料模型时一定要选用含沙量少的黏土，在使用前要反复加工，把泥和熟，使用起来才方便。黏土一般作为简洁的形态模型、雕塑、翻模用泥材料来使用。

9. 复合材料模型

室内外模型制作所选用的材料，一般都是用多种材料复合制作而成。复合材料模型就是经过综合加工制作而成的，它是以一种材料为主料，其他材料只是作为局部的使用。用这种工艺方法制作的模型，整体感较好，反应方案实施后的逼真效果，在颜色搭配上注重色彩和谐，这些优点尤其体现在建筑模型、室内外环境模型制作中。具体如图1-11所示。

图 1-11 复合材料模型

1.2.3 按制作工艺分类

除此之外，从制作工艺的角度，模型可分为电脑制作模型（CAM）、手工制作模型、机械制作模型等。

1.3 模型的发展历程

在古代，模型并非源于为设计服务，其最初只是作为军事用具或用作标志物或象征物，即为军事服务，目的是为作战了解地形、研究战略。因此，对于环境模型的制作最早更体现在军事的地形沙盘上（见图 1-12）。人类使用模型进行建筑设计创作，最早记载于哈罗多特斯《达尔菲神庙模型》一书中。直到 14 世纪欧洲才开始将这种创作手段应用于建筑设计实践，如意大利的佛罗伦萨教堂等。从文艺复兴早期时起，建筑师们通过制作等比例缩小的建筑模型和手绘的油画来给大众展示未来建筑的直观景象，甚至作为吸引富有阶层赞助的一种方法。自此，建筑模型较广泛地应用于表现建筑和城市设计构思，并用于防御性的城堡，如 15 世纪的卢昂圣马可教堂、1502 年的雷根斯堡的斯赫恩·玛利亚教堂和约 1744 年的维尔泽哈林根的朝圣教堂等。到了 19 世纪后期，以高迪为代表的建筑师开始以实体模型作为设计的辅助工具，并形成一套专门用于建筑分析的语言。正如高迪的设计，他很少画建筑图，而更多地依赖模型来塑造新奇的建筑空间造型。直到现代主义萌芽出现并随之产生新的观点，将建筑看成是在空中运动的体验，认为传统的设计表现存在局限性，而模型成为重要的设计表现手段。在 20世纪 20—30 年代，包豪斯和勒·柯布西耶为代表的建筑师们开始重视模型再设计中的作用，并将其作为建筑学教育及实践中不可缺的组成部分，格罗皮乌斯在教学中就鼓励学生做简单的透明模型来辅助设计。

在我国建筑环境模型的发展过程中，最早有关模型的记录是在墓葬出土的文物（仅仅是一种随葬品）中找到的。最早的建筑模型见于汉代，中国汉代的陶楼，作为一种"明器"，以土坯烧制而成，外观模仿木构楼阁，十分精美（见图 1-13、图 1-14）。史料记载我国最早在公元 6 世

图 1-12　军事地形沙盘模型

纪就有模型用于建筑工程的事例,隋代的宇文恺曾把"明堂"设计方案,做成木制模型给皇帝审阅。另外在新疆某一古墓中也曾出土一座唐代的木制"阙楼"模型。由此证明我国至少自隋、唐时期就有使用建筑模型的历史。直至清朝康熙年间,出现了当时的烫样,作为古代为建筑设计服务的模型(见图 1-15、图 1-16)。烫样与图纸、做法说明一起完成古建筑设计,而三者各有分工侧重。烫样侧重于建筑的结构和外观以及院落和小范围的组群布局,并包括彩画、装修和室内陈设,因而是当时建筑设计中的关键步骤。从形式上,烫样有两种类型:一种是单座建筑烫样;一种是组群建筑烫样。单座建筑烫样,主要表现拟盖的单座建筑的情况,全面地反映单座建筑的形式、色彩、材料和各类尺寸数据。组群建筑烫样,多以一个院落或是一个景区为单位,除表现单座建筑之外,还表现建筑组群的布局和周围环境布置的情况。模型制作在民国时期也有一定发展,但文字记录较少。直到 1949 年新中国的成立,我国模型制作在设计中的地位才得以确立。在北京十大建筑的设计与施工建设过程中,建筑环境模型在建筑师设计构思和设计成果中起着重要作用。总体来说,建筑环境模型在我国的发展主要经历了明器、烫样、沙盘、现代模型四个阶段。

图 1-13　陶坞堡 东汉（公元 25 年—220 年）
1956 年广东广州东郊麻鹰岗出土
长 41.2cm，宽 40cm，高 29.6cm

图 1-14　汉代雷台出土的绿釉陶楼院
1999 年甘肃武威市出土

图 1-15　"廓然大公"烫样 故宫博物院藏

　　到了 20 世纪 90 年代初期，随着房地产业的兴起，建筑与环境沙盘模型和室内户型模型在我国得到快速发展和应用。在 1992 年，在深圳首先出现了专门从事建筑沙盘模型设计制作的

图 1-16　圆明园思顺堂烫样

公司。此后,建筑沙盘模型设计制作业务逐渐扩展到广州、北京和上海等地区和城市。模型设计制作也从广告公司中分离出来,成为一个独立的行业,逐渐成为房地产推销楼盘的重要演示工具。模型渐渐已成为设计师进行方案分析、推敲的一种手段,作为建筑设计常用的手法,往往随着设计阶段的不同而出现不同的模型,例如初始阶段的概念模型、中间阶段的拓展模型,以及最终阶段的展示模型。此外模型在现在也通常作为会审阶段品评、审度、交流或是广告宣传及观摩品鉴之用。从模型的产生过程来看,国内模型的产生是:设计师思路→电脑效果图→设计方案→模型制作;而国外模型的产生却是:设计思路草图→模型制作→完善思路→设计方案完成→修改模型。

　　如今,模型发展已采用新材料、新设备,模拟真实效果制作,体现了建筑环境模型设计与制作的专业性、精细度和艺术价值(见图 1-17)。模型公司一方面引进模型激光雕刻机设备,一方面在公司中整合人力资源,将员工分为若干小组,如电脑制图组、建筑模型制作组、景观制作组、配景制作组、电工组等,形成了一个完善的模型加工制作流水线,各司其职。

图 1-17　房地产楼盘模型

随着我国城市规划业、建筑设计业、房地产业的高速发展,建筑设计师、城市规划师、房产商、展览商青睐建筑模型形象、直观的特点势必促进建筑模型制作业进一步发展;而投资少、入行易的特点也将吸引更多人加入到建筑模型设计制作员行列。目前我国模型设计制作业从业人员主要分布于模型制作公司、各类展台布置装潢公司、模型设计制作工作室、设计院、设计公司、设计师事务所。模型制作只是在国内院校的建筑学、环境设计、室内设计、家居设计、工业设计、风景园林设计等专业有相关的课程,但课时不多。建筑模型设计制作员在国外的职业状况和我国相近,虽然从业人员比我国少很多,但制作水平更专业化。

1.4 模型的作用

1. 为建筑与环境规划、设计服务

通过模型可以完善设计构思,进一步推敲、修改、研究建筑与环境设计方案的各个阶段和全过程,以探求理想的设计方案。

规划师通过模型将其规划意图全部宏观地展示出来,规划范围内空间关系一览无余。模型是建筑师发展、完善其设计思想的最佳方式,将抽象的思维表示为空间方案,为设计更加丰富、合理、适用的空间提供了便于深化创造的模拟形象。模型可以帮助学生解释其苦思冥想难于想象的空间关系,使他们可以轻松愉悦地理解书本与图纸难于教授的空间形象思维的问题。

2. 为建筑与环境效果表现服务

在表现设计效果方面,通过模型展示、传递设计项目设计思路、综合效果,建筑单位、审查单位等有关方面对建筑造型和周边环境的综合效果会有比较真实的感受与体验。通过模型设计与制作,业主突破了图纸的局限性,便于不同的受众交流。

3. 为建筑与环境工程施工服务

在指导施工方面,对于内部架构复杂、不易从图纸中阅读的部分,用立体模型作指导,能充分理解设计意图,使施工单位和工程单位人员更为形象地了解建筑与环境的造型关系,弥补图纸设计中不十分清楚和完善的部分,便利于施工。

4. 为建筑与环境业绩展示、楼盘销售服务

在服务决策方面,模型使公众和购房者能直观感受设计意图,对建筑设计风格、环境有所了解,对消费者的购房决定具有指导意义,是开发商针对公众业主的一种销售的手段。

1.5 模型的发展趋势

1. 制作手段上呈现传统与现代化高科技相互补充

现在的模型制作中,卡纸、ABS 工程塑料板等的大量运用,大量专门工具和电脑雕刻机的出现,无不体现计算机 CAD 辅助设计的强大威力,使得其精度和效率都获得极大的提高。未来的模型制作将会呈现传统手工制作和现代化高科技制作相互补充、互为一体的趋势。

2. 材料选择方面将呈现多样化

在模型制作材料方面,从早期出土的陶土模型,到使用木头、纸质材料,再到现在的有机分子材料、合金材料等,模型制作与材料有着密不可分的关系。但是,作为模型制作的专业材料还是屈指可数的,远远不能满足模型制作的要求。从某种意义上说,材料限制着模型的表现形式,给模型制作带来了一定的局限性。随着材料科学的不断发展以及商业行为的驱使,模型制作所需的基本材料和专业材料呈现多样化的趋势。材料的仿真度将随着高科技的发展而有重大提高,其视觉表现力优先于它的理性化特性。从目前来看,模型的仿真还属于较低层次,远远不能满足模型制作的要求。

3. 制作工具将更系统化、专业化

目前,在模型制作中较多地采用手工和半机械化加工。加工制作工具较多地采用钣金、木工加工工具,专业制作工具屈指可数。这一现象的产生,主要是由于模型制作还未进入到一个专业化生产的规模,正是这种现象制约了模型制作水平的提高。但从现在国外工具业的发展和未来的发展趋势来看,随着模型制作业和材料业的发展及专业化加工的需要,模型制作工具将向着系统化、专业化的方向发展,届时模型制作的水平也将得到进一步的提高。

4. 效果上追求智能化和动态化

近年来,尽管模型制作的表现已经非常细腻,而且灯光效果也今非昔比,但往往还是不能满足实际需求。追求功能的完备、形式上与真实感的统一,都要求模型改变传统静态的展示形式。新兴的由多媒体计算机控制的声、光、电一体模型,即解说讲到哪里,电影画面演示到哪里,而且还采用遥控静音双语播双解说系统,同时模型以外的环境氛围灯也全部采用电脑控制,根据情节的需要调节气氛(见图 1-18)。

图 1-18 声光电技术的智能模型

第 2 章　常用模型制作材料与工具

课程设计:理论讲授＋讨论

课时安排:6 学时

作业考核:收集各类模型图片(不少于 3 个),分类整理,分析所用材料

工欲善其事,必先利其器。了解模型制作所需的各种常用工具、材料及其性能,掌握各种模型材料的加工方法是十分必要的,这也是制作模型的前提。

2.1　常用模型制作材料

模型材料的选用恰当与否是决定模型制作成败的重要因素之一。比如建筑模型制作的材料决定了建筑模型的外表质感和三维形态。当前模型制作材料很多,但适合于学生制作的材料一般只有六、七种,如纸板、木材、有机玻璃板(亚克力板)、PVC 板、KT 板、铁丝等。而对于室内外环境模型来说,制作模型的主要材料有 ABS 工程塑料、玻璃、泡沫、有机玻璃板、灯泡、二极管、白炽灯泡、光导纤维、喷漆、变压器、铁钉、KT 板、纸材、黏合剂、塑料条等。具体要根据室内外环境设计方案、模型制作要求和预期效果来选择合适的制作材料。

1.墙体材料

(1)纸板类。

纸板(模型纸板、工业纸板、特种纸)是建筑模型制作最基本、最简便,也是被大家所广泛采用的一种材料。该材料可以通过剪裁、折叠改变原有的形态,通过褶皱产生各种不同的肌理,通过渲染改变其固有色,具有较强的可塑性。

目前,市场上流行的纸板种类很多,有国产和进口两大类。纸板厚度一般常用的有 0.5～3 mm。就色彩而言达数十种,同时由于纸的加工工艺不同,生产出的纸板肌理和质感也各不相同。模型制作者可以根据特定的条件要求来选择纸板。

另外,市场上还有一种进口仿石材和各种墙面的半成品纸张。这类纸张使用方便,在制作模型时,只需剪裁、粘贴后便可呈现其效果。但选用这类纸张时,应特别注意图案比例。

学校里教学使用相对较多的是卡纸(厚度 0.5～3 mm),色彩较多。它们的成本都较低,切割也比较容易。尤其白卡纸材质挺括、表面平整,便于进行色彩涂刷或喷涂处理,多应用于构思模型、简单模型、建筑骨架、桥梁、栏杆、阳台、组合家具等模型,更是用来做建筑主体模型的最佳用材。

总之,纸板无论是从品种,还是从工艺加工方面来看,都是一种较理想的模型制作材料。

材料优点:适用范围广,品种、规格、色彩多样,易折叠、切割,加工方便,表现力强。

材料缺点:材料物理特性较差,强度低,吸湿性强,受潮易变形,在建筑模型制作过程中,粘接速度慢,成型后不易修整。具体如图 2-1、图 2-2 所示。

图 2-1 卡纸

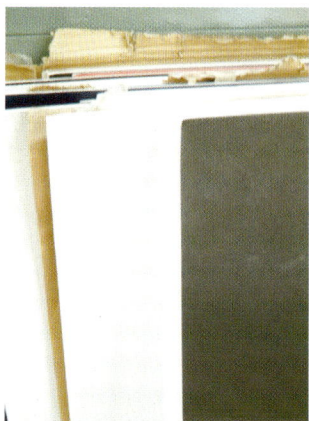

图 2-2 卡板

（2）塑料板材。

塑料板材包括 PVC 板、ABS 板、有机玻璃板（有色有机板和透明有机板）等。有机玻璃板也是制作建筑窗户模型的良好材料。

①ABS 板（见图 2-3）：又称工程塑料，瓷白色或浅象牙白色，厚度 0.5～5 mm，是当今流行的手工及电脑雕刻加工制作建筑模型的主要材料，表面可镀可喷可涂，较适宜制作建筑墙体，也可以制作屋顶、建筑小品、底盘台面、弧形结构。

材料优点：适用范围广，材质挺括、细腻，易加工，着色力、可塑性强。

材料缺点：材料塑性较大。

图 2-3 ABS 板

②有机玻璃板（见图 2-4）：全称甲基丙烯酸甲酯，也称亚克力，英文 PMMA，用于模型制作的有机玻璃板材，常用厚度为 1～3mm，该材料分为透明板和不透明板两类。透明板一般用于制作建筑物玻璃和采光部分，不透明板主要用于制作建筑物的主体部分。这种材料常用于模型中建筑的墙体骨架和模型的玻璃罩面制作，有色有机玻璃板常用于玻璃门窗、屋顶、地坪、路面、阳台、小品等模型制作。

材料优点：质地细腻、挺括，可塑性强，通过热加工可以制作各种曲面、弧面、球面的造型。

材料缺点：易老化，不易保存，制作工艺复杂。

③PVC 塑料板（见图 2-5）：全称聚氯乙烯，有软、硬之分，硬质有透明和不透明两种。造

图 2 - 4 有机玻璃板(亚克力)

价比有机玻璃板低,板材强度不如有机玻璃板高,加工起来板材发涩。硬质的优点是坚硬,机械强度好,易着色,与有机玻璃相仿,但易老化。软质的有彩色纹地板胶、墙纸、电线套管、泡沫PVC,可用于模型中墙面装饰,管线布置,路面、地坪装饰等。

图 2 - 5 PVC 塑料板

(3)木板。

模型制作的常用木板(见图 2 - 6)包括人造板材和航模板。目前,通常采用的是由泡桐木经过化学处理而制成的板材,亦称航模板。这种板材质地细腻,且经过化学处理,所以在制作过程中,无论是沿木材纹理切割,还是垂直于木材纹理切割,切口都不会劈裂。此外,可用于建筑模型制作的木材还有锻木、云杉、杨木、朴木等,这些木材纹理平直,树节较少,且质地较软,易于加工和造型。

另外,市场上现在还有一种较为流行的微薄木(俗称木皮),是由圆木旋切而成。其厚度仅 0.5 mm 左右,具有多种木材纹理,可以用于模型外层处理。

人造板材有胶合板、刨花板、细木工板、中密度纤维板等,主要用于底盘的制作,也可以用于制作配景如景观亭子、廊桥、水榭等。

材料优点:材质细腻、挺括,纹理清晰,极富自然表现力,加工方便。

材料缺点:吸湿性强,易变形。

图 2-6　木板(层压板)

(4)KT 板。

KT 板(见图 2-7)易于剪裁,性能类似泡沫板,适合制作要求不高的模型墙体。但其表面经过处理后,在制作建筑模型和路面、台阶等时比较常用。

图 2-7　KT 板

2. 屋顶材料

屋顶制作主要指瓦当的制作,可采用树枝或柳条拼装、电脑雕刻而成。最常见的制作屋顶材料有瓦楞纸、仿真瓦片、吹塑纸等。

（1）瓦楞纸。

瓦楞纸（见图 2-8）平面尺寸一般为 A3～A4，厚度 3～5mm，呈波纹状，分单层和多层，有不同品种和色彩。

单层：为美工纸，是制作别墅和具有民族风情建筑屋顶的理想材料，可以根据不同建筑主体色彩，搭配色彩合适的瓦楞纸作为建筑屋顶，达到独特的效果。单层瓦楞纸适合学校教学使用，价格也比较适中，模型制作中运用十分广泛，也可用于琉璃瓦、楼梯、地板、砖、墙体及一些配件的制作。

多层：可以做建筑屋顶隔热层等构造层或地形模型。

图 2-8　瓦楞纸

（2）塑料仿真瓦片。

塑料仿真瓦片（见图 2-9）材质与制作墙体的塑料板类似，使用时可以根据需要喷色。

（3）吹塑纸。

吹塑纸又称为 EPS 发泡胶，可以作屋顶、路面、山地、海拔模型等高线、墙壁贴饰等。

3. 附属材料

附属材料是用于制作模型主体结构以外部分所使用的材料，在加工过程中它们主要用于制作模型主体的细部构造和环境装饰。

（1）太阳膜。

太阳膜（见图 2-10）是一种贴窗户的特殊薄膜，可以用来制作模型的窗户玻璃，尤其是对于高层建筑的窗户，效果极佳。

（2）壁纸。

市场上选择适当颜色和质感的壁纸，结合图案特点，可以用于表现墙面、地面，通过搭配可以起到烘托环境的作用。

（3）即时贴。

即时贴（见图 2-11）是应用非常广泛的一种装饰材料。该材料品种、规格、色彩十分丰

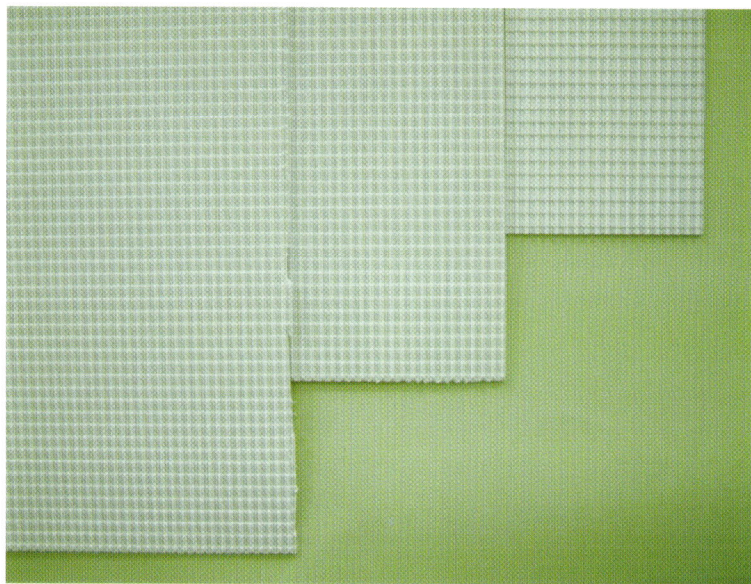

图2-9 塑料仿真瓦片

图2-10 太阳膜

富,主要用于制作道路、水面、绿化及建筑主体、标题制作的细部。此材料价格低廉,剪裁方便,单面覆胶,是一种表现力较强的模型制作材料。

（4）海绵。

海绵主要用来制作树木等配景,也可以作山地、沙滩等模型。海绵分为粗孔海绵（见图2-12）和细孔海绵（见图2-13）两种,一般粗孔海绵（泡沫）比较常用,制作使用常用碎末状,用做制作树木时,可喷色用于不同树种类型。

图 2-11　即时贴

图 2-12　细孔海绵

图 2-13　粗孔海绵

（5）泡沫塑料。

泡沫塑料全称聚氨酯，又称 PU 塑料，白色，疏松多孔且有弹性。此种材料可塑性强，可以分为泡沫块、泡沫板和泡沫粉。在模型制作中使用最多的是泡沫块和泡沫板。泡沫块可以运用锉、捏、黏合等方式做出各种形态，如山峦、地形。泡沫板可以做模型的底座，若泡沫板不光滑，表面可以装裱纸张，也可以粉碎成颗粒，然后进行染色，用来作为绿化树木、花粉等材料。泡沫塑料是一种使用范围广、价格低廉的制作绿化环境的基本材料。

（6）砂纸。

砂纸原用做打磨材料，黄色水砂纸可以制作沙滩、球场、路面等，甚至刻字贴在模型底盘也会产生很好的效果。砂纸材料成型的方法一般用剪、刻、切、挖、雕、折、叠、粘等方法均可，可以用来表现室内地毯，室外球场、路面及沙滩等。

（7）波纹纸。

波纹纸（见图2-14）由于表面有水波纹纹理而得名。波纹纸结合蓝色底纹,常用于适合制作小水池、河水。

图2-14　波纹纸

（8）植绒及时贴。

植绒及时贴（见图2-15）是一种表层为绒面的装饰材料。该材料色彩较少,在建筑模型制作中,主要是用绿色,一般用来制作大面积绿地。此材料单面覆胶,操作简便,价格适中,但从视觉效果而言,此材料在使用中有其局限性。

图2-15　植绒及时贴

（9）仿真草皮。

仿真草皮（见图2-16）是用于制作建筑模型绿地的一种专用材料。该材料质感好,颜色逼真,使用简便,仿真程度高。目前,此材料大多为进口产品,产地分别为德国、日本等国家和我国台湾地区,价格较贵。

（10）绿地粉。

绿地粉（见图2-17）主要用于山地绿化和树木的制作。该材料为粉末颗粒状,色彩种类较多,通过调合可以制作多种绿化效果,是目前制作绿化环境经常使用的一种基本材料。

图 2-16 仿真草品

图 2-17 绿地粉

4. 辅助材料

辅助材料包括天然材料(有树枝、果实、花、石子等)、生活废弃物(有牙签、细木棍、铁皮、铝板、编织线、吸管、废旧画报、旧布条、废电线等)、玩具制品、金属材料(铁、铜、铝、钢、锡、锌的板材、管线、线材等)、涂料、油漆、稀释溶剂、黏土、石膏、水泥、油泥等,这些材料要善于在生活中发掘并适当使用。

例如,树木的细小树枝、松果、棕榈树、落叶松、伞状花絮的花等常用来表现概念模型中的树木;形状各异的石子可以用来表现模型中的雕塑或假山;牙签可以制作树木的树干、阳台、楼梯、栏杆等;石膏、水泥、油泥、黏土都可以用来做地形;石膏、油泥也是做建筑小品的良好材料;铁丝、铜丝、铝丝等金属管线材可以用来制作模型中楼梯、阳台、栏杆、扶手、结构骨架、柱子、环境小品、抽象雕塑等。举例如图 2-18、图 2-19 所示。

图 2-18 牙签

图 2-19 铁丝

5. 成品的模型配景

成品的模型配景是将模型原材料加工成各种造型的材料,常见的成品配景包括各种仿真树木、家具、陈设、建筑小品、人物、汽车、景观灯、建筑围护构件、草绒纸(仿真草皮)、草粉、仿真材料纸(仿石材、木纹等机理)、锡箔纸等,制作逼真,可有效提高制作速度,搭配效果理想。举例如图 2-20 至 2-23 所示。

图 2-20 小树

图 2-21 人物

图 2-22 乔木

图 2-23 不同品种的树木

6. 照明耗材

照明耗材主要是在模型内部安装,实现夜景效果。耗材主要有灯泡、二极管、白炽灯泡、插线板、电线、变压器等。

2.2 常用模型制作工具

制作建筑模型常用的工具主要包括绘图工具、切割工具、打磨工具、粘贴工具和喷涂工具。

1. 绘图工具

绘图工具主要用于模型图纸的绘制阶段,主要有丁字尺、直尺、三角板、三棱尺(比例尺)、直角尺、曲线板、分规、圆规、蛇尺、建筑模板、游标卡尺、铅笔、橡皮、水彩笔等。

(1)圆规(见图 2-24):主要用于测量与画圆。

(2)三角板(见图 2-25):是测量、绘制平行线、垂直线、直角与任意角的最佳工具。

(3)直尺(见图 2-26):是画线、绘图和制作的必备工具,常用的有塑料尺和钢尺。

(4)丁字尺:主要用于在绘图纸时配合三角板绘制特殊角度的斜线。

(5)三棱尺(见图 2-27):也叫比例尺,它是测量、换算图纸比例尺度的主要工具。

(6)曲线板:可以根据曲线的形状任意弯曲的测量、绘图工具,具体使用时可根据需要选用,一般用于不规则图形的绘制,如景观中的湖面等。

(7)游标卡尺(见图 2-28):是测量、加工物件内外径尺寸的量具,精确度可达±0.02 mm,此外,它还是在塑料材料(如 PVC 板、ABS 板、有机玻璃板)上画线的理想工具。

(8)模板:是一种测量、绘图的工具,可以测量、绘制不同形状的图案。

(9)蛇尺(见图 2-29):是一种可以根据曲线的形状任意弯曲的测量、绘图工具,尺身长度有 300 mm、600 mm、900 mm 等多种规格。

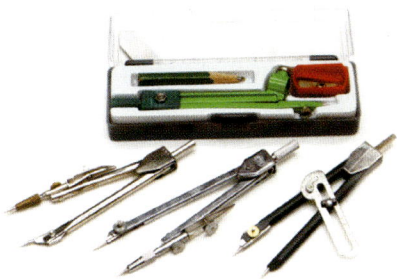

图 2-24 圆规

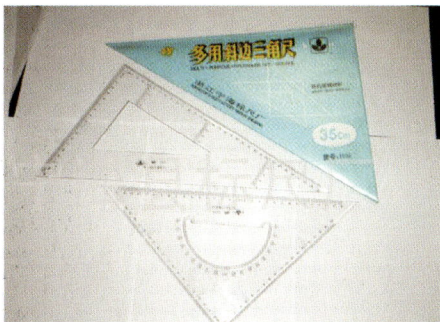

图 2-25 三角板

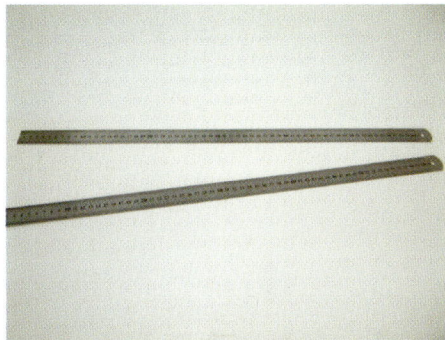

图 2-26 直尺

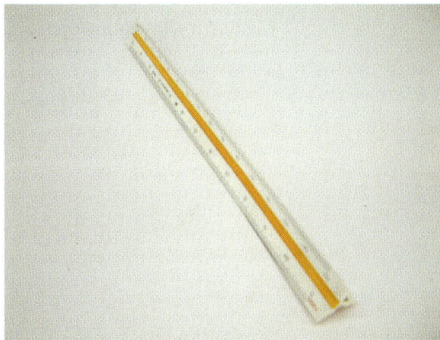

图 2-27 三棱尺

图 2-28　游标卡尺

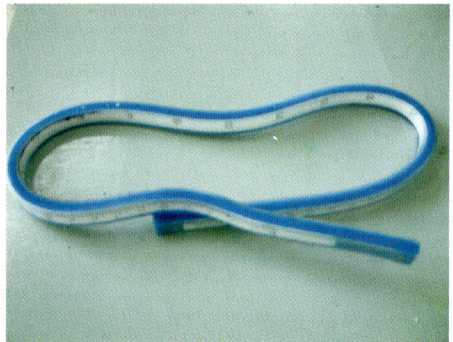

图 2-29　蛇尺

2.切割工具

切割工具是模型制作的最基本工具。切割工具分为手工切割工具和电动切割工具两大类。手工切割工具主要有美工刀、刻刀、勾刀、手锯、锉子、钳子、剪刀、线锯、单双面刀片等;电动切割工具主要有电脑激光雕刻机、电动曲线锯、泡沫切割机、台钻等。

(1)美工刀(见图 2-30),也称(裁纸刀或推拉刀),主要是切割卡纸、吹塑纸、发泡塑料、薄型板材、即时贴等各类纸或板材的理想工具,在模型制作中使用频率很大。

图 2-30　美工刀(裁纸刀或推拉刀)

(2)勾刀(见图 2-31),是切割塑料类板材的简便工具。

(3)45°和 90°切刀(见图 2-32、图 2-33),又称角度刀,它是一种用于切割 45°和 90°斜面的专用工具,加工 KT 板时特别适用。

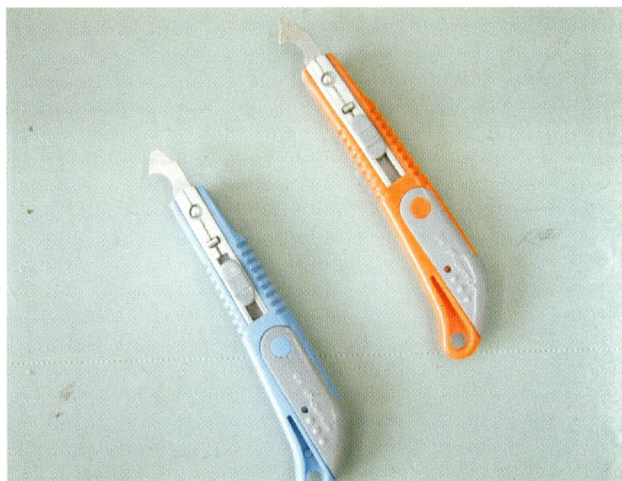

图 2 - 31　勾刀

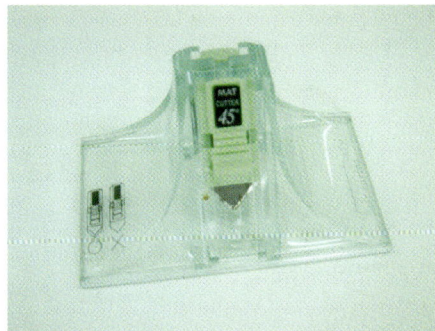

图 2 - 32　45°切刀

图 2 - 33　90°切刀

（4）切圆刀（见图 2 - 34），是专用于切割圆的工具，切割出来的圆比较精确和平滑，是一般剪刀、裁纸刀等无法替代的，也是手工制作阶段必备的工具之一。

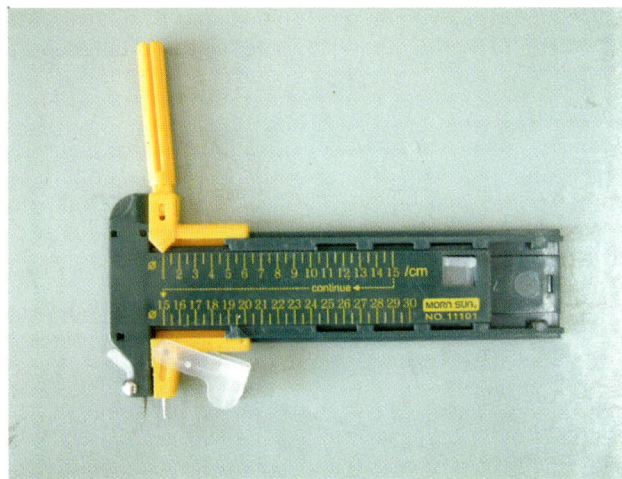

图 2 - 34　切圆刀

(5)剪刀,在模型制作中使用的有普通剪刀(见图 2-35)和花边剪刀(见图 2-36)两种。

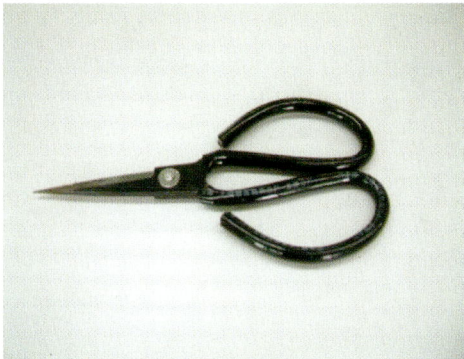

图 2-35　普通剪刀　　　　　　　　　　图 2-36　花边剪刀

(6)锯,主要有四种类型,即木工手锯、钢锯、电锯、电动曲线锯。

①手锯(见图 2-37)俗称刀锯,是切割木质材料的专用工具。此种手锯的锯片长度和锯齿粗细不一,选购和使用时应根据具体情况而定。

木工手锯的操作要领:站立和握锯姿势要正确;推锯加压,回拉不加压;锯程要长,推拉要有节奏。

②钢锯是适用范围较广泛的一种切割工具。该锯的锯齿粗细适中,使用方便,可以切割木质类、塑料类、金属类等多种材料。

③电动手锯(见图 2-38)是切割多种材质的电动工具。该锯适用范围较广,使用中可任意转向,切割速度快,是材料粗加工过程中的一种主要切割工具。

④电动曲线锯(见图 2-39)俗称线锯,是一种适用于木质类和塑料类材料切割的电动工具。该锯使用时可以根据需要更换不同规格的锯条,加工精度较高,能切割直线、曲线及各种图形,是较为理想的切割工具。

图 2-37　手锯　　　　　　图 2-38　电锯　　　　　　图 2-39　电动曲线锯

(7)电热切割器,主要用于聚苯乙烯类材料的加工。它可以根据制作需要,进行直线、曲线、圆及建筑立面细部的切割。它操作简便,是制作聚苯乙烯类建筑模型必备的切割工具。

(8)泡沫切割机(见图 2-40),是专门用于切割泡沫塑料和 KT 板的一种特殊设备。

(9)电脑雕刻机(见图 2-41),是制作建筑模型的专用设备。它与电脑联机,可以直接将建筑模型立面及部分的三维构件直接一次性雕刻成型,是目前建筑模型制作最先进的设备。但是,由于价格很高,因此很难普及。电脑雕刻机控制台如图 2-42 所示。

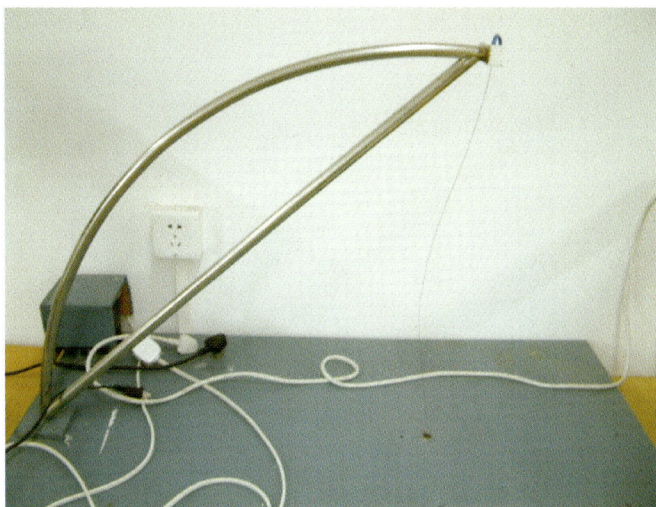

图 2-40 泡沫切割机

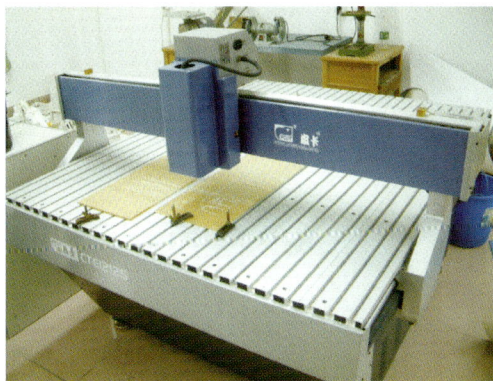

图 2-41 电脑雕刻机

图 2-42 电脑雕刻机控制台

以上列举的各类切割工具,模型制作者可视其自身的情况进行选择。同时,如电热切割器假如市场上没有出售成品,就需要模型制作者购买基本零件自行制作。

在制作电热切割器时,首先要制作一个木质工作台,台面尺寸一般以 50 cm×50 cm 为宜。而后将控制变压器(220 V,功率 25 W)固定于操作台面右上方,将电热丝垂直固定于台面与工作台臂之间,并按电器原理图进行连接,连接后通电进行测试,运转正常后方可投入使用。

3. 打磨工具

在建筑模型的制作过程中,无论是粘接还是喷色之前,都必须先对切割好的材料进行打磨,这样才能有效地保证制作的精细度和光洁度。打磨工具主要有各种砂纸、砂纸机、砂轮机、锉刀、刨等。

(1)砂纸。

砂纸(见图 2-43)俗称砂皮,通常在原纸上胶着各种研磨砂粒而成,用以研磨金属、木材等表面,以使其光洁平滑。砂纸根据不同的研磨物质,有金刚砂纸、人造金刚砂纸、玻璃砂纸等多种类型。干磨砂纸(木砂纸)用于磨光木、竹器表面;耐水砂纸(水砂纸)用于在水中或油中磨光金属或非金属工件表面。常用的砂纸型号有 400♯、600♯、1000♯、1200♯、1500♯、2000♯。

图 2-43　砂纸

（2）锉刀。

锉刀（见图 2-44）是一种最常见、应用最广泛的打磨工具，它分为多种形状和规格，常用的有扁锉、三角锉、圆锉三大类。

扁锉主要用于平面及接口的打磨，三角锉主要用于内角的打磨，圆锉主要用于曲线及内圆的打磨。上述几种锉刀一般选用粗、中、细三种规格，其长度 12.7～25.4 cm 为宜。

图 2-44　锉刀

锉刀操作要领包括以下方面：挫削时要注意身体和手臂动作的协调；在推锉刀过程中，左手的施压要由大变小，右手的施压要由小变大，使锉刀平稳不上下摆动。

（3）小型台式砂轮机。

小型台式砂轮机主要用于多种材料的打磨。该砂轮机体积小、噪声小、转速快并可无级变速，加工精度较高，同时还可以连接软轴安装异型打磨刀具，进行各种细部的打磨和雕刻，是一种较为理想的电动打磨工具。

（4）木工刨。

木工刨分为手刨和电刨（见图 2-45）两种。木工刨主要用于木质材料和塑料类材料平面和直线的切削、打磨。它可以通过调整刨刃露出的大小，改变切削和打磨量，是一种用途较为广泛的打磨工具。手刨一般分为长刨、短刨，可做木料表面刨削平整用。长刨规格在 $450\times65\times50$ mm（长、宽、厚）左右，短刨规格在 $190\times65\times50$ mm 左右。电刨是由单相串励电动机经传动带驱动刨刀进行刨削作业的手持式电动工具,具有生产效率高,刨削表面平整、光滑等特点,常用于进行各种木材的平面刨削、倒棱和裁口等作业。电刨如图 2-45 所示。

图 2-45　电刨

4. 粘贴工具

模型的粘接方式分为主动粘接方式和被动粘接方式两种。主动式为将构件相互插接榫卯,几乎不用胶水的粘接方式;而被动式则为在构件很难或无法插卯的情况下使用胶水的粘接方式。主动式较被动式有较好的物理性能,若卯接处不够牢固可涂少量胶水予以加固,这样模型的稳定性大大加强,有利于模型的长期保存。

通常说的粘贴工具主要是指各种粘合剂。当所有的材料切割、打磨完成后,就需要用粘合剂组合起来,不同的材料要使用不同的粘合剂。其中,常用的粘合剂有 502 胶、白乳胶、UHU 胶、高效结构 AB 胶、三氯甲烷(氯仿)、自喷胶、双面胶、透明胶等。

(1)白乳胶。

白乳胶是(见图 2-46)一种水溶性粘合剂,适用于纸板类材料的粘接,也可以用于塑胶、橡胶、木材的粘接。

图 2-46　白乳胶

（2）UHU胶。

UHU胶（见图2-47）是德国产的模型胶，干燥的速度和粘合性都比白乳胶好，但价格比较贵，主要用于粘接木材、纸材、塑料、纺织物、皮革、玻璃、金属、橡胶等。

图2-47　UHU胶

（3）自喷胶。

自喷胶（见图2-48）适用于粘合的面积较大的材料，比如制作模型底盘和草坪时，就可以选用自喷胶来粘接，它喷出的胶成雾状，比较均匀。

图2-48　自喷胶

（4）三氯甲烷（氯仿）。

三氯甲烷（见图2-49）适用于塑料类板材的粘合。使用三氯甲烷时应注意避免碰到泡沫塑料、KT板等材料，因为三氯甲烷对这些材料具有很强的腐蚀能力，而且腐蚀速度很快。三氯甲烷还具有一定的毒性，使用后应及时洗手，避免碰到眼睛等部位。三氯甲烷稀释工具如图2-50所示。

图 2-49　三氯甲烷

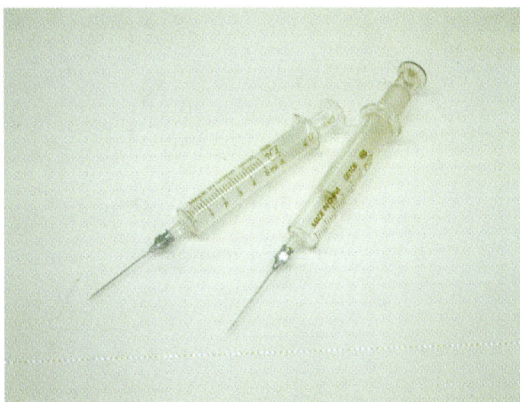

图 2-50　三氯甲烷稀释工具

(5)高效结构 AB 胶。

高效结构 AB 胶可以用来粘接 ABS 塑料、PVC 板、有机玻璃板、陶瓷、木材等同种或异种材料。

(6)502 粘接剂。

502 粘接剂(见图 2-51)为无色透明液体,是一种瞬间强力粘接剂。它适用于多种塑料类材料的粘接。该粘接剂使用简便,干燥速度快,强度高,是一种理想的粘接剂。该粘接剂保存时应封好瓶口并放置于冰箱内保存,避免高温和氧化而影响胶液的粘接力。

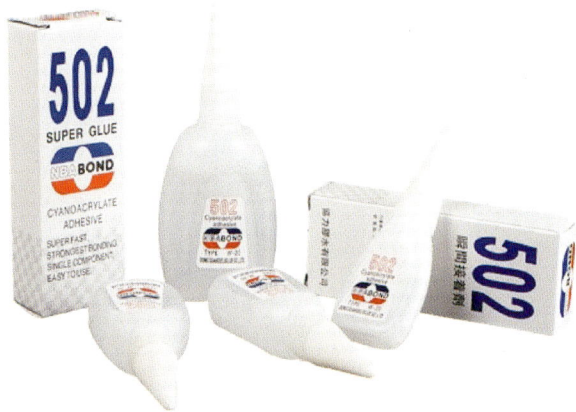

图 2-51　502 粘接剂

(7)4115 建筑胶。

4115 建筑胶为灰白色膏状体。它适用于多种材料粗糙粘接面的粘接,粘接强度高,干燥时间较长。

图 2-52   4115 建筑胶

（8）热溶胶。

热溶胶（见图 2-33）为乳白色棒状粘接剂。该粘接剂是通过热溶枪加热,将胶棒溶解在粘接缝上,粘接速度快,无毒、无味,粘接强度较高。但本胶体的使用,必须通过专用工具来完成。

图 2-53   热溶胶

5. 喷涂工具

（1）气泵、喷枪、喷笔。

气泵有大、中、小三种型号。在模型制作过程中,常用的是小型气泵。用气线连接喷枪、喷笔等专业工具,能够起到很好的效果,常在家装中使用。油漆喷笔主要是用在给模型上色时使用,上色均匀,效果好。

喷漆涂装的优越性是很明显的。喷出的漆会很均匀地附着到模型表面,在制作一些迷彩图案的时候,喷的效果要远远好于手涂的效果,其不同颜色之间是自然过渡,而不是像笔涂那样生硬结合。

喷漆一般多用喷笔和喷枪来进行,也可用罐喷漆。相比之下,喷笔和喷枪一次性投资大,但以后花费较小,而且适用范围广泛。罐喷漆方便,颜色准确,但多用于单色喷涂。另外,罐喷漆不一定要用喷罐喷出来,如果有了喷笔以后,也可以把喷罐里的漆,喷到喷笔料斗里,再喷到模型上。因为喷罐喷出来的漆量不可调,面积又很大,所以漆的雾化效果没有喷笔的效果好。喷笔和喷枪如图 2-54、图 2-55 所示。

图 2-54 喷笔

图 2-55 喷枪

6. 其他工具

除了以上主要的五大类工具,还有一些其他附属工具,如镊子、锤子、海绵粉碎机、刷子、颜料等。

第3章 模型制作前的程序

课程设计:理论讲授＋绘图实践

课时安排:6学时

作业考核:按1:50的比例绘制一套别墅的模型制作设计图纸,包括各层平面布置图、绿化平面图、屋顶平面图

3.1 模型的立意构思阶段

在模型制作前对模型制作进行立意构思与规划同样不可忽视,古人在写作与绘画时讲究"意在笔先",可见构思的重要性。立意构思使制作者做到心中有数,在制作过程中做到有条不紊。

由于室内外环境模型的类型比较多,比如建筑的风格、样式、形态、材质等问题,究竟制作哪种类型和空间结构关系才是首先要思考的问题。在确定了制作类型后,还应明确模型的制作深度是展示模型还是标准模型,以及确定模型的规模涉及底座规格的大小问题。同时还需制定制作任务书,以确保按时完成制作。立意构思不仅是方案构思,还包括模型相关工作设计构思内容,具体说无论采取哪种制作方式,在构思工作完成后,就要确认制作比例、尺寸和表现范围及底盘的尺寸,并以它为标准开始其后的制作工作。

立意构思室内外建筑环境模型应遵循以下原则。

(1)科学性原则。

表现形象是科学地、客观地表现实际环境,不允许有主观地变形、夸张、失真等。具体来说,科学性原则要求以下几点:根据实际形象的需要,合理地选择搭配材料;按照确定的比例和尺寸要求,准确地选择加工材料;熟悉材料的性能和质感特点,表现出模型风格、样式、形态和质地。

(2)艺术性原则。

模型的观赏性要强,要有艺术的美感。对于室内外环境模型既要体现出建筑物与环境实体,又要区别建筑物与环境实体,它是各种材料经设计者的巧妙构思和精心制作而完成的一件微缩艺术实体,给人以艺术再现和美的享受。艺术性原则要求我们熟悉掌握先进的设备工具、材料和加工工艺。

(3)工艺性原则。

为了追求科学性与艺术性的完美,建筑与环境模型的设计制作讲究规整与精工,要求制作精细,刻意求工。

(4)超前性原则。

超前性原则要求大胆尝试应用新材料,探索新工艺,尽可能地在模型中采用声、光、电技术,实现声、光、电控制一体的模型。

3.2 模型图纸准备阶段

3.2.1 图纸的准备方法

一般情况下,模型图纸的准备方法有两种:

第一种是设计图纸,即制作者根据设计任务书绘制出室内外环境的平面图、立面图、剖面图和效果图,并标注尺寸,形成完整的图纸资料。按照透视原理绘制的效果图,虽然符合人的视觉特征,效果逼真,但不能度量出模型制作的尺寸;而施工图能够反映相关数据,要求较高。因此这种方法任务量大,所需时间长。

第二种是查找室内外环境模型图纸,即将别人绘制好的模型图纸、图片收集起来为己所用。有时所收集的图纸和图片会出现不全的情况,这时需要模型制作者在已有的图纸和图片的基础上将缺少的部分补充绘制出来,并标注尺寸。

平面图举例如图 3-1 所示。

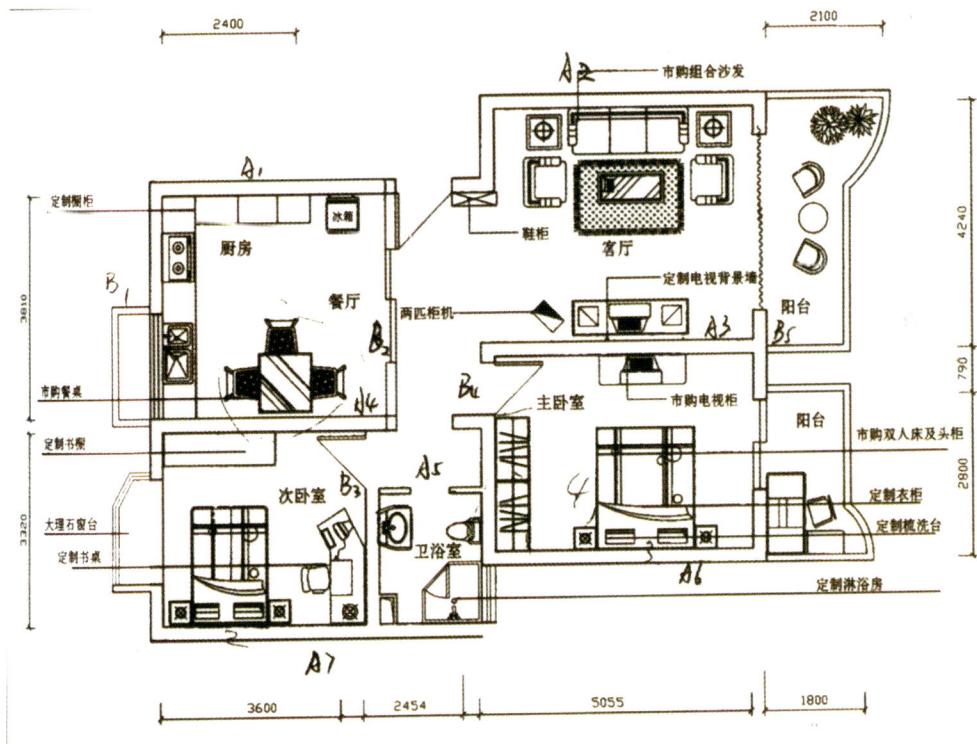

图 3-1 图纸(平面图)

3.2.2 模型比例确定

图纸绘制完成后,根据模型的底座尺寸确定模型的比例。具体模型比例应根据命题要求和实际情形确定。这就要求模型制作人员应具备以下的能力:

(1)能读懂建筑与环境的设计图纸,理解设计思想和意图。

(2)能正确进行模型材料的选用及加工。

（3）能计算模型缩放比例。

（4）能制定模型制作工艺流程。

（5）能制作模型。

模型的比例是图纸——实物——模型三者之间相对应的线性尺寸之比。确定比例的三个影响因素为功用因素、精度和经济条件。

在室内外环境模型制作中常用的比例范围如下。

①区域性的都市模型：1∶750～1∶3000

②群体性的小区：1∶250～1∶750

③单体性大型建筑：1∶100～1∶200

④别墅小型建筑：1∶50～1∶75

⑤室内性的剖面内构模型：1∶20～1∶45

模型的制作者必须清楚室外地形高低差、建筑与配景的比例关系、对室内而言墙体高度与室内家具和陈设的关系等，通过大脑进行计划立意处理，多做研究分析后确定。

3.3　模型材料与工具准备阶段

只有合理地选择工具和购买材料，才能有条不紊地开展模型制作工作。具体要根据模型的类型和比例实际需要，有选择性地购买材料和工具，尽可能地用日常生活的材料（包括废弃物）。（可以参照第 2 章内容）

模型制作者一定要根据表现对象及所要采用的色彩种类、色相、明度等进行制作设计。在进行制作设计时，应特别注意色彩的整体效果，及室外主体与配景色彩的关系、室内整体风格与家具陈设的关系。

无论是模型材料专卖店里的材料，还是身边随处可见的材料，甚至是废弃材料都可用于建筑模型上。选择材料时要考虑的因素有：

（1）模型建造的速度。

（2）预期达到的修改和实验程度。

（3）在模型尺寸范围内，材料保持形状和跨度的能力。

（4）模型所反映的组件的厚度。

当然，有些学校模型制作的实验室会给学生们提供一些主要的材料及工具。同时，在选择材料时也要注意材料的色彩搭配。

3.4　模型底座制作阶段

3.4.1　模型底座规格计算

对于模型底座的制作规格，可以根据以下公式计算：

模型尺寸＝实际尺寸/比例尺

例如，现要制作一个室内展示空间的模型，该建筑的层高为 4200 mm，展厅进深 126000 mm，整个展厅开间 150000 mm，模型制作比例为 1∶30，运用公式得出以下结果。

模型的高度 ＝ 4200÷30＝140 mm　　　即：模型的高度为 140 mm。

依据同样方法,可以确定出模型的最小长度和最小宽度。即:

模型的长度＝15000÷30＝500 mm

模型的宽度＝12600÷30＝420 mm

模型尺寸确定后,根据室内建筑环境模型的繁简程度确定底座规格,一般底座大小规格主要参考尺寸依据为所计算出的模型最小长度和最小宽度。

3.4.2 模型底座材料的选择

对于模型底座材料的选择要遵循两点:

(1)底座表面平整。

在平整的表面上放置模型,可以防止模型的损坏。如果材料的局部表面有凹凸不平情况,可采用填充材料或将突出部分切去。必要时可在材料表面进行装裱,这样可以掩盖掉原材料的缺陷。

(2)尽量做到选材统一。

材料选择要结合室内外环境模型材料,尽量做到统一。常用模型底座的材料主要有泡沫板、木板、高密度复合板、钢化玻璃等,可以根据模型制作的效果合理选用。

3.4.3 底座制作

底座是建筑模型的一部分。底座的大小、材质、风格直接影响建筑模型的最终效果。建筑模型的底座尺寸一般根据建筑模型制作范围和下列两个因素确定:

1. 模型标题的摆放和内容

建筑模型的标题一般摆放在模型制作范围内,其内容详略不一。所以在制作模型底座时,应根据标题的具体摆放位置和内容详略进行尺寸的确定。

2. 模型类型和建筑主体量

规划模型的建筑物的外边界线与底座边缘一般情况下不小于 10 cm。如果盘面较大,可增加其外边界线与底座边缘间的尺寸。单体模型应视其高度和体量来确定主体与底座边缘的距离。总之,要根据制作的对象来调整底座的大小,这样才能使底座和盘面上的内容更加一体化。

制作底座的材质,应根据制作模型的大小和最终用途而定。目前,大家通常选用制作底座的材质是轻型板、三合板、多层板等。

一般作为学生作业或工作的模型,则可以选用一些物美价廉且易加工的轻型板和三合板。作为报审展示的建筑模型的底座就要选用一些材质好,且有一定强度的材料制作。一般选用的材料是多层板或有机玻璃板。

多层板底座的制作方法如下:多层板是由多层薄板加胶压制而成,具有较好的强度。所以,一般较小的底座就可以直接按其尺寸切割,而后镶上边框即可使用。如果座面尺寸较大,就要在板后用木方进行加固,用木方加固时,选用的木材最好是白松。因为白松水性较小,不易变形。其具体方法是:先用3 cm×3 cm木方钉成一个木框,根据盘面的尺寸添加横竖木带,把它分割成若干个方格,一般方格大小以 50 mm×500 mm 为宜。待木框钉成后刷上白乳胶,将多层板钉在木框上放置于平整处干燥12小时后,镶上边框即可使用。

目前,边框的制作方法有很多种。比较流行的有两种:

1. 用珠光灰有机玻璃板制作边框

珠光灰有机玻璃板边框色彩典雅、豪华,看上去比较俊秀。其具体做法是:先测出底盘的厚度,然后根据底盘厚度,再加出 1～1.5 cm(视其盘面大小),将珠光灰有机板(3 mm)切割成数条,然后用电钻每隔 20 cm 打一个孔,将边框涂上 4115 建筑胶,待胶稍干后,将事前剪裁好的有机玻璃板边条贴于边框上。粘贴时,板条下边缘与底盘的下边缘靠齐,并用小钉钉于事先打好的孔内。依次类推。将边框的四边围合好后,便可进行两道边的围合。第二道边围合与前一道不同,第二道边是用没有打孔的有机板进行围合,而且两道边之间的粘贴是用三氯甲烷来完成。具体步骤是:先把两道边之间的贴接面擦拭干净,然后,将需要贴接的两道边上边靠齐,用吸满三氯甲烷的注射器向两道边中间注入三氯甲烷,干燥数分钟后,再三氯甲烷进行第二次灌缝,以确保两道边贴接的牢固。此道工序完成后,将边框放置于通风处干燥数小时后,再用木工刨子将边框上端刨平。这样一个完整的边框就制作完毕了。

2. 用木边外包 ABS 板制作边框

用这种方法制作的边框形式各异,而且色彩效果可根据制作者的想法进行。其具体做法是:先用木条刨出自己所需要的边框,然后镶于底盘上。待此道工序完成后,便可用 ABS 板包外边。ABS 板与木板粘接时,可选用 101 胶。此种胶粘接速度快,强度高(具体操作方法详见101 胶说明书)。在用 ABS 板包边时,应先从盘基开始向外依次粘贴,在面与面转折时,缝口不要进行对接,因为对接缝容易产生接口不严,所以一般面与面转折时,最好采用边对面的粘接形式。在边框转角时应采用 45°角对接。接口处一定要注意不要产生阴缝。待整个边框粘接好后,为了保证接缝处牢固,还可用 502 胶灌注一遍,然后,放置于通风处干燥 24 小时,便可进行修整、打磨。在打磨时,可先用刀子将接口处多余的毛料切削下去,然后用锉刀磨平。使用锉刀最好选用中粗锉,而且用力要均匀,防止 ABS 板留下明显痕迹。用锉刀打磨基本平整后,还要用砂纸最后进行打磨。在选用砂纸时最好选用木工砂纸,因为 ABS 板涩而软,砂纸过细起不到打磨作用,过粗会留下明显痕迹。所以,选择的砂纸一定要适中。另外用砂纸打磨时,应将砂纸裹于一块木方上,这样在打磨时,可以保证局部的平整性。在打磨完后,若有局部接缝处仍不严时,还可以用腻子进行填补、打磨。待上述工序全部完成后,将粉末清除,即可进行喷色。

3.4.4　底座安装

模型底座一般由台面、边框、支架三部分组成。安装时要求模型的边界线与底座边缘不小于 10 cm,且台面边缘要有边框材料围护。模型中常用的有木边框和有机玻璃边框两种。

安装加工可以采取粘接、钉接方式,要底座的主要牢固度,能够承受住模型的重量,且表面不变形。对于有声、光、电装置的模型,在底座制作过程中要注意架空和隐藏处理电线,并预留安装空隙,便于调试。模型底座安装示意图如图 3-2 所示。

3.4.5　放样图纸

这一步骤是在完成设计构思、完整制图以及底盘尺寸确认之后进行的。所谓的放样就意味着模型制作真正的开始,也就是说这时模型的制作材料、制作比例及相应的制作工艺都已确定,放样即是将确定的制作比例图形表现在模型制作的材料上。这种放样与前面的制图是截然不同的,制图是数据资料,而放样是为下一步骤的制作做准备。放样先要依据事先确认的底盘尺寸,放出同样大小的图样(制作的范围、建筑位置大小、配景状况),这就是制作的标准图样。然后以此将各个单体放样,按照确定的模型制作比例,将立体的物体分解出若干个独立的平面单体,即物体的展开图,最后将确定的制作比例放样到制作的材料上。

图 3-2 模型底座安装示意图

　　值得注意的是,放样这一步骤除了要求精确度以外,一定还要结合制作材料的特性,采取相应正确的放样手法。比如纸制模型的放样就有其明显的特点,一般的纸材料无论薄与厚或种类不同,其共同的特点就是遇水、遇潮容易产生变形。所以放样前要将其固定并避免潮湿,可能的话将其裱糊起来,这样可确保纸型的平整度。而其他的材料作一般处理后即可直接放样,如构件复杂还要依次编号排列。

第4章 室内空间模型制作

课程设计:理论讲授＋实践创作

课时安排:16 学时

作业考核:绘制一套室内居住空间设计方案,然后完成模型制作

室内空间模型的范畴比较广泛,主要有居住空间室内环境模型和公共空间室内环境模型两大类。其中,居住空间室内环境模型主要指家庭居住空间,如普通公寓室内环境、别墅室内环境等;公共空间室内环境模型主要指除了住宅以外的建筑内部空间,如商业空间、会议办公空间、餐饮空间、展示空间、娱乐空间、医疗空间等。室内空间模型制作主要用于环境艺术领域的室内设计方向的课堂设计教学。在教学中,学生可以通过模型的制作来分析室内的空间变化和装饰造型特征,并通过模型来检验室内空间的比例关系,同时,运用模型虚拟装饰材料的质感也有助于学生对材料的充分理解。室内空间模型有时还广泛用于房地产销售的展示中,通过模型的展示,消费者可以真实全面地了解室内的空间布局、采光朝向、材质运用等一系列问题,使消费中的种种疑问得到解答。

室内空间模型主要用来表现室内的空间关系、装饰与家具造型、材质细节等,更加注重对细节的表现,因此对模型材料也有更细致的要求,尽量做到贴近实体,在现有的模型材料中寻求最为忠实于原质感的材料。如玻璃就选用无色或有色有机玻璃或塑料片表达,地板则可采用胶板或 PVC 板划线表现,墙面使用胶板、PVC 板或 ABS 板制作,如有需要可以选择装饰性强的壁纸,栏杆采用机刻 ABS 板或金属丝制作,在材质上可更加贴近实体。

4.1 室内空间模型制作方法

室内空间环境模型制作的一般流程如下:

1. 资料解读

在制作室内空间模型前,要识读绘制好的室内建筑空间设计方案的图纸,包括图名、比例、定位轴、门窗尺寸等。

2. 模型选材

在对模型材料进行选择时,首先要确定室内模型的主体材料,也就是室内模型的墙体、地面、家具的材料,如外墙体选用有机玻璃、卡纸、塑料等,地面选用石纹纸、木纹纸、塑料地板革、布艺等,家具选用纸板、泡沫、软木材、有机玻璃、石膏、塑料等。材料的选择要和模型的整体效果保持一致,色彩要做到统一中富有变化。可以根据设计方案来确定室内模型的色彩。如外墙为淡紫色,顶面为乳白色,地面为胡桃木木地板或米黄大理石的颜色,家具为自然的枫木色或色彩丰富的防火板饰面,或漆饰成中性色,这一切要根据整体的风格来确定。

在工具的选择中要根据室内模型制作的难易度来确定所使用的工具。如制作要求非常准

确、精制,则可选用高科技的工具如电脑雕刻机。制作要求一般,则可选用切割机或手工工具进行模型的制作。工具的选择要和使用材料的特点相一致。

3. 模型放样

在模型制作之前,先将制作项目的方案确定下来。如在教学中进行模型练习可以采用现成的设计图纸时,可根据自己的设计进行适当的调整修改,然后重新绘制平面图、立面图和剖面图,绘制好后进行校正,然后按适宜的比例进行缩放。如果是对设计方案进行展示,则应该充分考虑展示效果及展示目的,有侧重点地表现室内空间。规格与比例的选择是模型制作前期要考虑的问题。要根据室内模型及周围环境的占地面积、模型实际的比例尺寸来确定该模型的制作规格大小,根据其制作的规格来确定模型制作的比例。常用比例为 1∶300、1∶200、1∶75、1∶50 等。

根据图纸上的尺寸,确定合理的模型比例;然后借助直尺、直角尺、圆规等工具,将图纸上的尺寸精确拷贝放大、放样到材料上。设计图纸放样如图 4-1 所示。

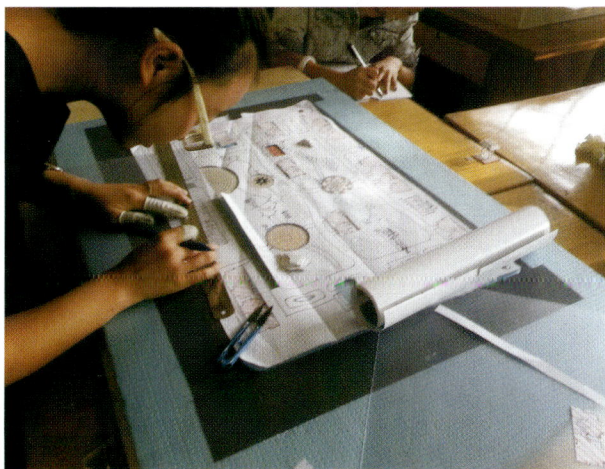

图 4-1　设计图纸放样

4. 室内墙体的制作

室内模型墙体制作中主要涉及有外墙、内墙(包括隔墙和隔断)、墙面装饰等几个方面。外墙制作可选用制作模型专用的过胶墙砖纸、石纹纸或镭射纸。内墙制作可以选用发泡墙纸或细纹纸制作。墙体色彩宜淡雅,图案纹样越小越好。

内墙的墙裙可用灰卡纸条贴制,装饰木线(挂镜线)可用白色即时贴贴制。内墙装饰壁画可用挂历样本中的小风景画、人物裁剪贴制,四边加细不锈钢效果的即时贴条效果最佳。

5. 建筑构配件的制作

在室内模型制作中,除了墙体的制作,还有一些建筑构配件的制作,即包括门窗、楼梯、电梯、室内外立柱,以及建筑的细部构造处理等方面的制作(具体详见 4.3 建筑构配件的制作)。

6. 地面制作

地面的制作(见图 4-2)可以运用不同材料和色彩,以区分房间的不同用途。如公共用地用仿石材的纸板铺地,以显示大理石效果;办公室地面可用植绒纸铺地,以显示地毯柔软的效果;厨房、阳台、卫生间地面用石纹纸铺地,以表示大理石效果;客厅、卧室地面用墙毡或木纹纸铺地,以显示地毯或木地板效果。有些会议室、舞厅、餐厅和电梯间墙面的制作也可以用上述类似地面的材料。地面的材质色彩尽量为灰色,色彩对比尽量相协调统一,不宜对比度太强。地面制作成品如图4-3所示。

图4-2 地面制作

图4-3 地面制作成品

7.模型组装

模型组装主要是建筑墙体、构配件和室内分隔模型要素的粘接处理过程,如图4-4、图4-5所示。

图4-4 粘接

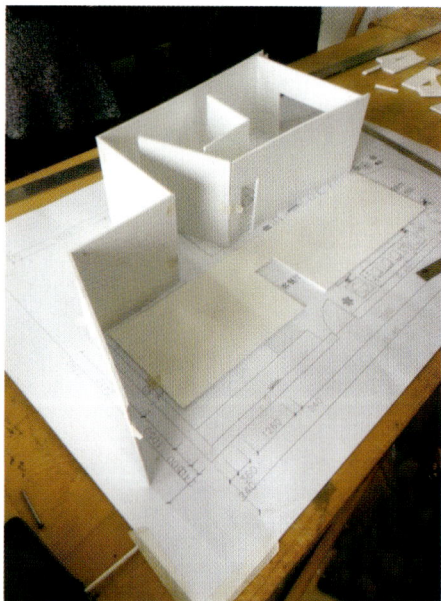

图4-5 组合

8.模型修整

模型修整主要处理在材料切割过程中以及组装后,模型上出现的较大划痕和夹缝。

9.家具与陈设制作

为了营造室内空间环境的氛围,模型中需要放置一些主要的家具和陈设。一般采用的制作材料有石膏、石蜡、肥皂等,按比例完成制作,也可以购买成品家具和陈设。具体如图4-6所示。

10.配景制作

制作模型设计方案中的树木、水面、山地、标题牌等配景,对室内空间环境模型起到丰富画面,加强说明、指示和点缀的作用。

11. 布盘固定

将建筑空间墙体、家具与陈设、配景等制作好的模型要素，按照要求逐一安装、固定到底座上。例如，在陈设等模型种植时，要粘住固定，保证模型的整体性、和谐性和均衡性。具体如图4-7、图4-8所示。

图 4-6 家具与陈设制作

图 4-7 布盘固定之一

12. 总体调整

对于各部分安装好的模型要素进行颜色、风格的调整，使整个模型色彩明快、丰富、和谐统一。

图 4-8 布盘固定之二

4.2 墙体和柱子的制作

4.2.1 墙体的制作

室内模型的用途多半是对住宅、写字楼、商业空间进行展示,由于其用途不同,建筑结构也不尽相同。写字楼一般采用走廊式,商业空间则采用敞开式,住宅一般采用封闭式。无论哪种结构形式,在模型制作中对墙体隔断的表现都采用固定隔断的形式,主要目的在于展现室内空间格局。墙体采用胶板制作,根据内外墙不同比例的墙体厚度选用相应厚度的胶板,以还原其原始空间比例。门窗的位置按比例切割,并在其中插入了透明有机玻璃片表现门窗玻璃,加以对门窗口线的修饰。胶板隔断的剖切线的位置可辅助性地配以各种色彩的即时贴,将其断面包裹,一方面增强视觉效果,增加美感,另一方面也可以借助即时贴的不同颜色对室内的不同空间的功能进行说明性的划分。

1. 固定隔断

所谓固定隔断就是按建筑图纸的分割,表现室内特定的空间分割布局。隔墙为室内的固定框架,展示室内的结构关系。在进行墙面的制作时,可以选用软木或者泡沫夹板,按内外墙比例大小裁切泡沫纸夹板,切挖掉门窗的位置,插入薄型透明有机片或胶片为门窗玻璃,然后可以制作门窗的口线,最后将各块内外隔断的墙体,按平面图的比例格局粘合起来。也可以选用透明有机片作为隔断墙体,这样可以使室内通透,便于空间的展示。在制作时先在有机板的保护膜上画出门窗的位置,然后利用勾刀等工具进行切割。边角粗糙的地方可以用砂纸打磨光滑。隔断制作如图 4-9 所示。

2. 特殊墙体

在模型制作中,经常会遇到特殊的墙和柱子,如弧形墙,对于这类建筑构件造型的做法做

图 4 - 9 隔断制作

以下探讨。

(1) 放样剪裁。

在卡纸材料上画出各种型号的"剪力墙"板、柱子、屋楼盖等构件,下料应力求遵照简洁、准确、整体的原则,尽量减少一个构件的组装次数。另外,还要考虑构件之间的粘接面,如果纸板较薄,截面不足以形成粘接面,应在构件边缘留出梯形(用十直线形边缘)和锯齿形(用于曲线形边缘)的粘接面。若纸板较厚则可直接利用边缘厚度组装并粘接。

(2) 弧形墙的制作。

弧形墙的制作主要难在对有一定厚度的纸上,当纸厚大于 1.5mm 时,用手将纸直接弯成弧形已无法满足要求,这样不但不能保证弧形墙的圆弧度,而且会出现表面有多道折痕的现象,严重地影响到模型的外在表现力。处理方法通常有以下两种:

① "鞣以为轮"法,即点燃一支蜡烛,将切割下的矩形材料平置于火焰上端,加热过程中,用手试探着弯曲纸材,切记不要用力过猛,因为当纸材面温度达到 $70°\sim 80°$ 时其抗弯强度会在很短时间里迅速下降,用力过猛会立即折伤甚至折断纸材。另外,纸的放置位置不能过低,一则怕点燃纸材,再则压的太低会导致蜡烛不完全燃烧,生成的气态碳冷凝后积淀在纸材表面,对于浅色纸材尤其影响了美观;纸的位置亦不宜过高,否则纸的表面温度无法保证,因此难以折动。具体如图 4 - 10、图 4 - 11 所示。

② "化整为零"法,即将较厚的纸材从截面劈成两块或三块,分别将各块折成弧形,然后将它们重新粘接起来,将多余的部分裁去。产生多余部分是因为对于一组同心圆,相同弧度的弧段,外圆总比内圆长,这也正是用手直接弯曲较厚纸材出现皱纹的原因。用第二种方法处理弧墙的成功率较高,因此建议使用。

图 4-10　热曲板材

图 4-11　冷却成型

4.2.2　柱子的制作

住宅室内模型的立柱、横梁与天花板一般不用制作,以显示空间感,但有些公共建筑,如商场、大堂、舞厅等立柱需要表现时则可以用不锈钢柱、木柱或有机玻璃柱的装饰效果来代替,表面的材质可以喷漆或粘贴一些有纹理的即时贴来表现柱子的材质特点。

以圆柱的制作为例,如果圆柱的柱径较大可采用类似于弧形墙的做法,柱径较小时制作方法很多,如直接用手卷起纸材,或用一小圆木棍做胚,在外面用薄纸包一圈等做法。不过对于柱子与楼板的粘接,建议采用一柱到底的做法,即一根柱穿越所有楼板,在柱与楼板的粘接处,设牛脚衬垫,牛脚支撑在柱上。这种做法很像工业化建筑中"升板建筑"的做法。它的好处在于柱子的整体性加强,即使在做高层建筑模型时,上部自重较大,也能保证每根柱子轴心受压,而分层作柱,无法保证每层柱网轴心对齐,结构的不合理性暴露无遗。造型柱制作如图 4-12 所示。

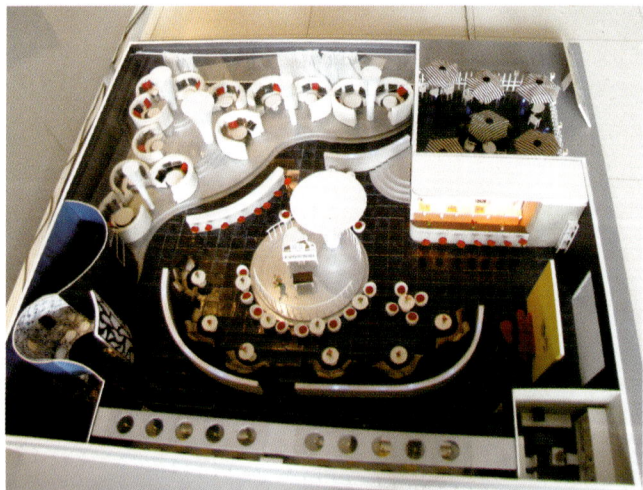

图 4-12　造型柱制作

4.3　建筑构配件的制作

4.3.1　门窗的制作

室内门窗的制作(见图 4-13)最能反映模型制作的精细程度。玻璃窗的制作可用透明有机片进行加工,窗口上用不锈钢效果的即时贴裁成细条贴制窗框、门框。木门可在门口两面贴上木纹纸装饰,并用细小的白色即时贴条制作。开启的门还要装饰门框的上下边线。窗台与窗帘盒可用木片进行加工,窗帘布可寻找柔软精细的花布制作。不同比例的门窗加工的精细程度不同,要考虑细节与整体之间的关系。门窗制作成品如图 4-14 所示。

图 4-13 门窗制作

图 4-14 门窗制体成品

4.3.2 楼梯、电梯的制作

楼梯制作是室内空间的重要构件,室内楼梯可用白色有机片或岗纹板、木纹板叠层制作。但在制作中要充分考虑楼梯的踏步层高。同时栏杆的制作要格外精细,应反映出室内设计的风格。自动扶梯可选用有机片叠制后作黑色喷涂处理,扶梯边可贴黑灰色即时贴条或橡皮筋,也可运用金属的防火板表现电梯不锈钢的材质特点。室内升降电梯应做敞开式的,可用白色有机片做一个小方盒,内贴墙毡作为地坪,贴不锈钢效果即时贴作为门和墙面,墙面上再贴银色 PVC 胶片或有机玻璃,组装时再放置几个模型小人。电梯的升降系统可以用黑色塑胶条来制作,这样形象而生动。观光电梯可用透明有机片弯曲或透明小药瓶制作骨架,再用不锈钢效果的即时贴装饰,铺上墙毡或地毯。观光电梯要配合灯光进行表现,特别是在夜景环境中表现出上下运动的光感。螺旋楼梯制成品如图 4-15 所示。

图 4-15 螺旋楼梯制成品

4.4 家具与陈设的制作

4.4.1 家具的制作

室内家具随着现代设计艺术与技术的发展,已派生出许多品种,如木制家具、金属家具、塑料家具、布艺家具、竹制家具、皮革家具、充气家具等,其风格有中式、西式、组合式、活动式等。不论何种材料与款式的家具,均受人体工学的原则限制,即以人使用家具时感到舒适、方便、实用、美观为原则。因此在配制家具模型时,需注意家具自身、家具与家具之间、房间与家具之间的高度、长度、深度和开合程度,均要符合人体工学和比例要求。

室内模型家具款式和材料的选择要统一,不能东拼西凑。常用的材料要准备充分,因为临时寻找十分不便。材质感要充分体现,各种木质、钢质、竹质、皮质、玻璃等质感的表现都要寻找相应的材料。具体如图 4 - 16、图 4 - 17 所示。

图 4 - 16 家具模型成品一

图 4 - 17 家具模型成品二

1. 纸质家具模型的制作

纸质是模型制作中最常用到的材料。运用白卡纸、灰纸板制作办公桌、组合柜、床头柜等板式组合家具,既方便,又美观大方。制作时按家具统一的深度将纸板裁成条状,再按家具各个面裁切零部件,最后用白乳胶粘合起来。如需装饰可先在纸板上粘贴即时贴,做好后再在侧边粘贴即时贴细条。纸质模型的硬度较差,同时不易制作出弧面的造型。

2. 泡沫家具模型的制作

泡沫板、植绒纸及其他装饰布是制作沙发、软床的理想材料。制作时选用壁纸刀按长、短或转角沙发模型设计图进行切挖制作,然后按切挖后的模型尺寸进行制作。裁剪软床也可使用同样的方法,即在粘贴装饰后再用小刀刻划方格,最后再用纸板贴装饰布的方法制作床架,两者合成后便可。泡沫材料的密度较差,在切割时要格外小心,如果出现粗糙的边缘,可以利用砂纸进行打磨。如果需要着色,可以采用水粉颜色进行粉刷,不能采用喷漆的办法,因为泡沫遇到油漆就会收缩变形。泡沫家具模型如图 4 - 18 所示。

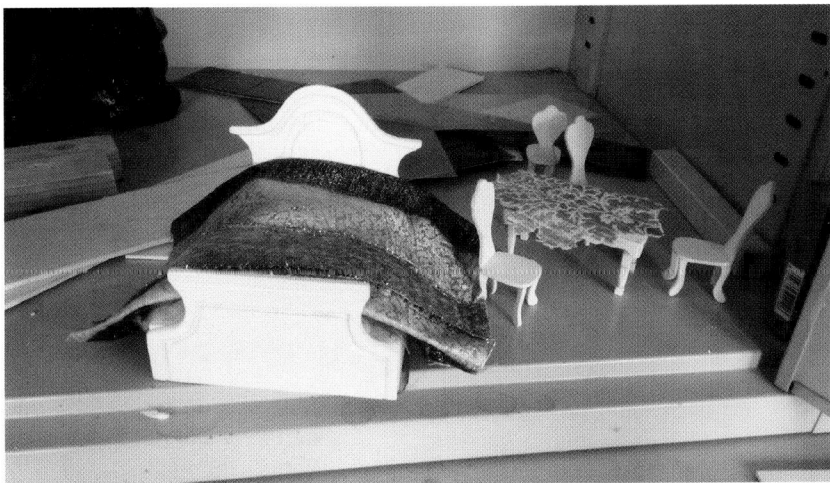

图 4 - 18   泡沫家具模型

3. 有机玻璃家具模型的制作

有机玻璃是容易切割的材料,利用茶色或透明有机玻璃适合制作玻璃柜、玻璃餐桌、玻璃茶几等家具。玻璃柜的制法是:用有机片制成家具框架后,再用黑色或不锈钢效果的即时贴裁成细线,贴于家具的边框及柜门、抽屉的轮廓线上。玻璃餐桌及茶几的制作方法是:先在裁好的桌面四边贴上即时贴细线,再用黑色硬质细电线或铁线弯折成桌腿,最后用模型胶把桌面与桌腿粘合即成。这种材料适合制作概念的模型,不易表现模型的细节,但是容易粘合且十分牢固。有机玻璃家具模型如图 4 - 19 所示。

4. 油泥家具模型的制作

油泥材料是当前常用的模型材料,它加工简便,并且可以批量生产。同时,如果需要着色也十分简便,可以采用喷漆的形式。这种材料适合制作沙发、电视柜、室内洁具、厨房设施及电器模型。室内厨房、卫生间及电器设施的用具制作能使室内环境与气氛更富有生机,虽然零碎细小繁多,但是能真实反映室内装饰的效果。

4.4.2 陈设的制作

陈设部分可以利用生活废弃物（如牙签、细木棍、编织线、吸管、旧布条、废电线等）、金属材料（如铁、铜、铝、钢、锡、锌的板材、管线、线材等）等材料进行拼接、粘接的方法来制作完成。也可以购买成品家具、陈设模型，有效提高制作速度各搭配效果。具体制作模型如图 4-20、图 4-21所示。

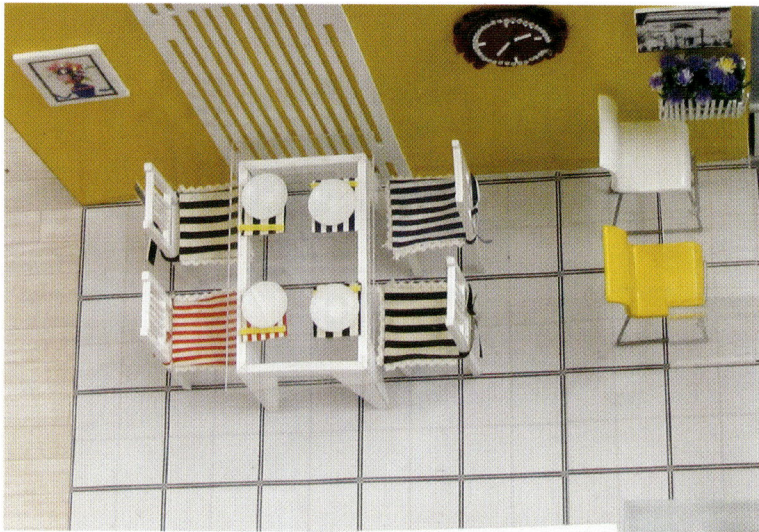

图 4-19 有机玻璃家具模型

图 4-20 室内陈设制作模型一

图 4-21 室内陈设制作模型二

4.5 室内空间模型赏析

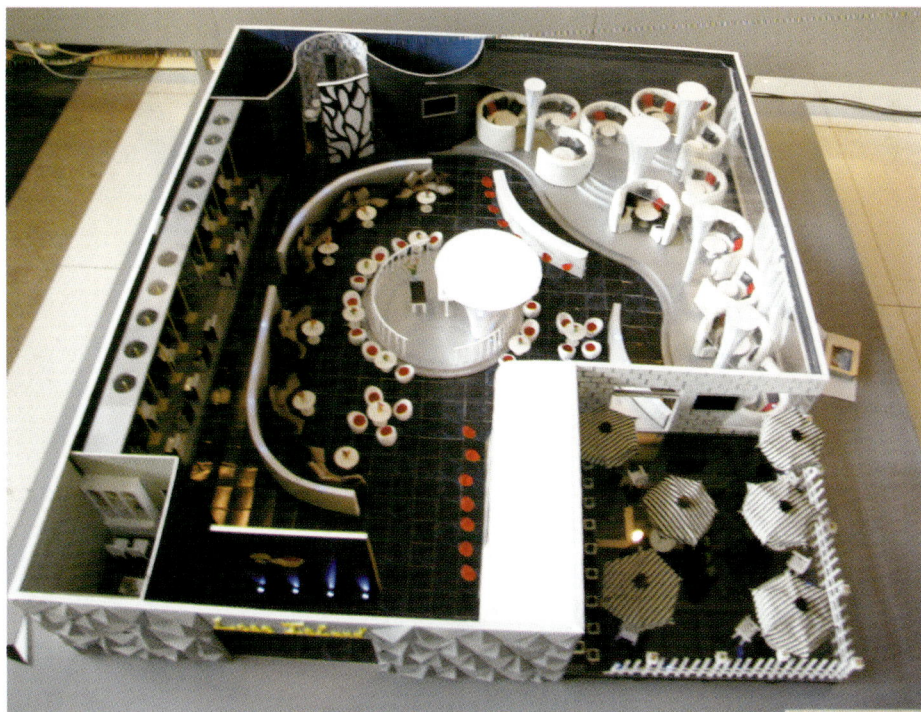

图 4-22 娱乐空间(酒吧)模型

图 4-23　娱乐空间(KTV)模型

图 4-24　家居空间模型

图 4 - 25 家居空间(别墅)模型

图 4 - 26 家居空间(大户型)模型

图 4-27　室内灯光演示模型

第5章　建筑外环境模型制作

课程设计:理论讲授＋实践创作

课时安排:32课时

作业考核:1.地形模型制作

　　　　　2.建筑单体与环境模型制作(别墅庭院景观)

建筑外环境是指建筑周围或建筑之间的环境,是以建筑构筑空间的方式从人的周围环境中进一步界定而形成的特定环境,主要由地形、道路、场地、绿化、景观、设施小品构成。因此,对于建筑外环境模型制作是指构成建筑环境的地形、道路、场地、绿化、景观、设施小品等要素的制作。

5.1　建筑模型的制作

建筑模型的制作是一个利用工具改变材料形态,通过粘接、组合产生出新的物质形态的过程。这一过程包含着很多基本技法,作为广大模型制作人员只要掌握了这些最简单、最基本的要领与方法,即使制作造型复杂的建筑模型时,也只不过是那些最简单、最基本的操作过程的累加而已。

5.1.1　聚苯乙烯模型制作基本技法

用聚苯乙烯材料制作建筑模型是一种简便易行的制作方法,主要用于建筑构成模型、工作模型和方案模型的制作。基本制作步骤为画线、切割、粘接、组装。在制作此类模型时,模型制作人员首先要根据材料的特性做好加工制作的准备工作。准备工作可分为两部分,即材料准备和制作工具准备。在进行材料准备时,要根据被制作物的体量及加工制作中的损耗,准备一定量的材料毛坯。

1.画线

在进行制作工具准备时,主要是选择一些画线和切割工具。此类材料,一般采用刻写钢板的铁笔作为画线工具。

2.切割

切割工具则采用自制的电热切割器及推拉刀。准备工作完毕后,要对自己所使用的电热切割器进行检查与调试。首先,用直角尺测量电热丝是否与切割器工作台垂直,然后通电并根据所要切割的体块大小,用电压来调整电热丝的热度(电压越高热度越大)。一般电热丝的热度调整到使切割缝隙越小越好。因为这样才能控制被切割物体平面的光洁度与精度。

进行体块切割时,为了保证切割面平整,除了要调整电压、控制电热丝温度外,被切割物在切割时要保持匀速推进。中途不要停顿,否则将影响表面的平整。

在切割方形体块时,一般是先将材料毛坯切割出 90°直角的两个标准平面,然后利用这两个标准平面,通过横纵位移进行各种方形体块的切割。在进行体块切割时,为了保证体块尺寸的准确度,画线与切割时,一定要把电热丝的热溶量计算在内。

在切割异形体块时,要特别注意两手间的相互配合。一般一只手用于定位,另一只手推进切割物体运行。这样才能保证被切割物切面光洁、线条流畅。

在切割较小体块时,可以利用推拉刀或刻刀来完成。用刀类切割小体块时,一定要注意刀片要与切割工作台面保持垂直,刀刃与被切割物平面成 45°角,这样切割才能保证被切割面的平整光洁。

3. 粘接与组装

在所有体块切割完毕后,便可以进行粘接、组装。在粘接时,常用乳胶做粘接剂。但由于乳胶干燥较慢,所以在粘接过程中,还需用大头针进行扦插,辅以定型。待通风干燥后进行适当修整,便可完成其制作工作。

此外,在利用此种材料制作建筑模型时,除了用电热切割的方法进行造型外,还可以利用该材料溶于稀料的特性,采用喷刷手段进行多种造型。总之,待熟练掌握制作基本技法和材料的特性时,将会给聚苯乙烯材料制作建筑模型带来巨大的表现力和超乎想象的视觉效果。聚苯乙烯模型如图 5-1 所示。

图 5-1 聚苯乙烯模型

5.1.2 纸板模型制作基本技法

利用纸板制作建筑模型是最简便且较为理想的方法之一。纸板模型分为薄纸板和厚纸板两大类。下面分别阐述这两种纸板模型制作的基本技法。

1. 薄纸板模型制作基本技法

用薄纸板制作建筑模型是一种较为简便快捷的制作方法,主要用于工作模型和方案模型的制作。基本技法可分为画线、剪裁、折叠和粘接等步骤。

在制作薄纸板建筑模型时,制作人员首先要根据模型类别和建筑主体的体量合理地进行选材。一般此类模型所用的纸板厚度在 0.5 mm 以下。

（1）画线。

在制作材料选定后，便可以进行画线。薄纸板模型画线是较为复杂的。画线时，一方面要对建筑物体的平立面图进行严密的剖析，合理地按物体构成原理分解成若干个面。另一方面，为了简化粘接过程，还要将分解后的若干个面按折叠关系进行组合，并描绘在制作板材上。

在制作薄纸板单体工作模型时，可以将建筑设计的平立面直接裱于制作板材上。具体做法是：先将薄纸板空裱于图板上，然后将绘有建筑物的平立面图喷湿，待数秒钟后，均匀地刷上经过稀释的糨糊或胶水并将图纸平裱于薄纸板上。待充分干燥后，便可进行剪裁。

（2）剪裁。

剪裁时，可以直接按事先画好的切割线进行剪裁。在剪裁接口处时，要留有一定的粘接量。在剪裁裱有设计图纸的工作模型墙面时，建筑物立面一般不作开窗处理。

（3）粘接与组合。

剪裁后，便可以按照建筑的构成关系，通过折叠进行粘接组合。折叠时，面与面的折角处要用手术刀将折线划裂，以便在折叠时保持折线的挺直。

在粘接时，模型制作人员要根据具体情况选择和使用粘接剂。在做接缝、接口粘接时，应选用乳胶或胶水做粘接剂，使用时要注意粘接剂的用量，若胶液使用过多，将会影响接口和接缝的整洁。在进行大面积平面粘接时，应选用喷胶做粘接剂。喷胶属非水质胶液，它不会在粘接过程中引起粘接面的变形。薄纸板模型如图 5-2 所示。

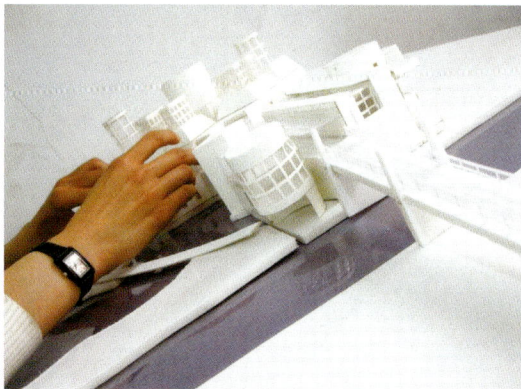

图 5-2 薄纸板模型

在用薄纸板制作模型时，还可以根据纸的特性，利用不同的手段来丰富纸模型的表现效果。如利用"褶皱"便可以使载体形成许多不规则的凹凸面，从而产生其各种肌理。色彩的喷涂也可使形体的表层产生不同的质感。

总之，对纸板特性的合理运用和对制作基本技法的掌握，可以使薄纸板建筑模型的制作更加简化，效果更加多样化。

2. 厚纸板模型制作基本技法

用厚纸板制作建筑模型是现在比较流行的一种制作方法，主要用于展示类模型的制作。基本技法可分为选材、画线、切割、粘接等步骤。

（1）选材。

选材是制作此类模型不可缺少的一项工作。一般现在市场上出售的厚纸板为单面带色板，色彩种类较多。这种纸板给模型制作带来了极大的方便。可以根据模型制作要求选择到不同色彩及肌理的基本材料。

在材料选定后,便可以依据图纸进行分解,把建筑物的平立面根据色彩的不同和制作形体的不同分解成若干个面,并把这些面分别画于不同的纸板上。

(2)画线。

画线时,模型制作人员一定要注意尺寸的准确性,尽量减少制作过程中的累计误差。同时,画线时要注意工具的选择和使用的方法。一般画线时使用的是铁笔或铅笔,若使用铅笔时要采用硬铅(H、2H)轻画来绘制图形,其目的是为了保证切割后刀口与面层的整洁。

在具体绘制图形时,首先要在板材上找出一个直角边,然后利用这个直角边,通过位移来绘制需要制作的各个面。这样绘制图形既准确快捷,又能保证组合时面与面、边与边的水平与垂直。

(3)切割。

画线工作完成后,模型制作人员便可以进行切割。切割时,一般在被切割物下边垫上切割垫(市场上有售),同时切割台面要保持平整,防止在切割时跑刀。切割顺序一般是由上至下、由左到右。沿这个顺序切割,不容易损坏已切割完的物件和已绘制完未被切割的图形。

进行厚纸板切割是一项难度比较大的工序。由于被切割纸板厚度在1 mm以上,切割时很难一刀将纸板切透,所以一般要进行重复切割。重复切割时,一方面要注意入刀角度要一致,防止切口出现梯面或斜面。另一方面要注意切割力度,要由轻到重,逐步加力。如果力度掌握不好,切割过程中很容易跑刀。

在切割立面开窗时,不要一个窗口接着一个窗口切,要按窗口横纵顺序依次完成切割。这样才能使立面的开窗效果整齐划一。

(4)粘接。

待整体切割完成后,即可进行粘接处理。一般粘接有三种形式:面对面、边对面、边对边。

①面对面粘接,主要是各体块之间组合时采用的一种粘接方式。在进行这种形式的粘接时,要注意被粘接面的平整度,确保粘接缝隙的严密。

②边对面粘接,主要是立面间、平立面间、体块间组合时采用的一种粘接形式。在进行这种形式的粘接时,由于接口接触面较小,所以一定要确保接口的严密性。同时还要根据粘接面的具体情况考虑进行内加固。

③边与边粘接,主要是面间组合时采用的一种粘接形式。在进行这种形式粘接时,必须将两个粘接面的接口,按粘接的角度切成料面,然后再进行粘接。在切割对接口时,一定要注意斜面要平直,角度要合适,这样才能保证接口的强度与美观。如果粘接口较长、接触面较小时,同样也可根据具体情况考虑进行内加固。

总之,接口无论采用何种形式对接,在接口切割完成后,便可以进行粘接了。在粘接过程中,我们一定要考虑到这样几个问题:

①面与面之间关系,也就是说先粘哪面后粘哪面。

②如何增强接缝强度和哪些节点需要增加强度。

③如何保持模型表层完成后的整洁。

在粘接厚纸板时,我们一般采用白乳胶作为粘接剂。在具体粘接过程中,一般先在接缝内口进行点粘。由于白乳胶自然干燥速度慢,可以利用吹风机烘烤,提高干燥速度。待胶液干燥后,检查一下接缝是否合乎要求,如达到制作要求即可在接缝处进行灌胶,如感觉接缝强度不够时,要在不影响视觉效果的情况下进行内加固。

在粘接组合过程中,由于建筑物是由若干个面组成,即使切割再准确也存在着累计误差。所以操作中要随时调整建筑体量的制作尺寸,随时观察面与面、边与边、边与面的相互关系,确保模型造型与尺度。

另外,在粘接程序上应注意先制作建筑物的主体部分,其他部分如踏步、阳台、围栏、雨篷、廊柱等暂先不考虑,因为这些构件极易在制作过程中被碰损,所以只能在建筑主体部分组装成型后,再进行此类构件的组装。

在全部制作程序完成后,还要对模型做最后的修整。即清除表层污物及痕迹,对破损的纸面添补色彩等,同时还要根据图纸进行各方面的核定。厚纸板模型如图 5-3 所示。

图 5-3　厚纸板模型

总之,用纸板制作建筑模型,无论是制作工艺,还是制作方法都较为复杂。但只要掌握了制作的基本技法,就能解决今后实际制作中出现的各种问题,从而使模型制作向着理性化、专业化的方向发展。

5.1.3　木质模型制作基本技法

用木质材料(一般指航模板)制作建筑模型是一种独特的制作方法。它一般是用材料自身所具有的纹理、质感来表现建筑模型。它古朴、自然的视觉效果是其他材料所不能比拟的,主要用于古建筑和仿古建筑模型制作。基本制作技法可分为选材、材料拼接、画线、切割、打磨、粘接、组合等步骤。

木质模型最主要的是选材问题。因为用木板制作建筑模型,主要是利用材料自身的纹理和色彩,表层不作后期处理,所以选材问题就显得格外重要。

一般选材时应考虑如下因素:

①木材纹理规整性。在选择木材时,一定选择木材纹理清晰、疏密一致、色彩相同、厚度规范的板材作为制作的基本材料。

②木材强度。在制作木质模型时,一般采用航模板。板材厚度是 0.8～2.5mm,由于板材

很薄,再加之有的木质密度不够,因此强度很低。在切割和稍加弯曲时,就会产生劈裂。因此,在选材时,特别是选择薄板材时,要选择一些木质密度大、强度高的板材作为制作的基本材料。

在选材时,还可能遇到板材宽度不能满足制作尺寸的情况。在遇到这种情况时,就要通过木板拼接来满足制作需要。木板材拼接一般是选择一些纹理相近、色彩一致的板材进行拼接,方法有如下几种:

(1)对接法。

对接法是一种板材拼接常用方法。它首先要将拼接木板的接口进行打磨处理,使其缝隙严密。其次,刷上乳胶进行对接。对接时略加力,将拼接板进行搓挤,使其接口内的夹胶溢出接缝。最后,将其放置于通风处干燥。

(2)搭接法。

搭接法主要用于厚木板材的拼接。在拼接时,首先要把拼接板接口切成子母口。然后,在接口处刷上乳胶并进行挤压,将多余的胶液挤出,经认定接缝严密后,放置于通风处干燥。

(3)斜面拼接法。

斜面拼接法主要用于薄木板的拼接。拼接时,先用细木工刨将板材拼接口刨成斜面,斜面大小视其板材厚度而定。板材越薄,斜面则应越大。反之,板材越厚,斜面越小。接口刨好后,便可以刷胶、拼接。拼接后检查是否有错缝现象,若粘接无误,将其放置于通风处干燥。

木质模型制作方法如下:

①画线。

在上述材料准备完成后,便可进行画线。画线时,可以在选定的板材上直接画线。画线采用的工具和方法可以参见厚纸板模型的画线工具和方法。同时,此材料还可以利用设计图纸装裱来替代手工绘制图形。其具体做法是,先将设计图的图纸分解成若干个制作面,然后将分解的图纸用稀释后的胶水或糨糊(不要用白乳胶或喷胶)依次裱于制作板材上,待干燥后便可以进行切割,切割后,板材上的图纸用水打湿即可揭下。此外,这里还应特别指出的是,无论采用何种方法绘制图形,都要考虑木板材纹理的搭配,确保模型制作的整体效果。

②切割。

在画线完成后,便可以进行板材的切割。在进行木板材切割时,较厚的板材一般选用锯进行切割,薄板材一般选用刀进行切割。在选择刀具时,一般选用刀刃较薄且锋利的刀具。因为刀刃越薄、越锋利,切割时刀口处板材受挤压的力越小,从而减少板材的劈裂现象。

此外,在木板材切割过程中,除了要选用好刀具,还要掌握正确的切割方法。用刀具切割时,第一刀用力要适当,先把表层组织破坏,然后逐渐加力分多刀切断。这样切割即使切口处有些不整齐,也只是下部有缺损,而决不会影响表层的效果。

③打磨。

在部件切割完成后,按制作木模型的程序,应对所有部件进行打磨。打磨是组合成型前的最重要环节。在打磨时,一般选用细砂纸来进行。具体操作时应注意以下三点:一要顺其纹理进行打磨;二要依次打磨,不要反复推拉;三要打磨平整,表层有细微的毛绒感。

在打磨大面时,应将砂纸裹在一个方木块上进行打磨。这样打磨接触面受力均匀,打磨效果一致。在打磨小面时,可将若干个小面背后贴好定位胶带,分别贴于工作台面,组成一个大面打磨。这样可以避免因打磨方法不正确而引起的平面变形。

④组装与粘接。

在打磨完毕后，即可进行组装。在组装粘接时，一般选用白乳胶和德国生产的 HUH 粘接剂。切忌使用 502 胶进行粘接。因为 502 胶是液状，粘稠度低，它在干燥前可顺木材的孔隙渗入到木质中，待胶液干燥后，木材表面则留下明显的胶痕，这种胶痕是无法清除掉的。而白乳胶和德国生产的 HUH 粘接剂胶液粘稠度大，不会渗入到木质内部，从而保证粘接缝隙整洁美观。

在粘接组装过程中，采用的粘接形式可参照厚纸板模型的粘接形式，即面对面、面对边、边对边三种形式。同时在具体粘接组装时，还可以根据制作需要，在不影响其外观的情况下，使用木钉、螺钉共同进行组装。在组装完毕后，还要对成型的整体外观进行修整。

综上所述，木质模型（见图 5-4）的制作基本技法与厚纸板模型的制作基本技法有较多共性。在一定程度上，可以相互借鉴，互为补充。

图 5-4　木质模型

5.1.4　有机玻璃板及 ABS 板模型制作基本技法

有机玻璃板和 ABS 板同属有机高分子合成塑料。这两种材料有较大的共同点。所以本节一并介绍其制作基本技法。有机玻璃板模型如图 5-5 所示。

有机玻璃板和 ABS 板都是具有强度高、韧性好、可塑性强等特点的建筑模型制作材料。它们用于展示类建筑模型的制作。该种材料制作基本技法可分为选材、画线、切割、打磨、粘接组合、上色等步骤。

1. 选材

此类建筑模型的制作，首先进行的也是选材。现在市场上出售的有机玻璃板和 ABS 板规格不一，其厚度大多为 0.5～10 mm，或者更厚。但用来制作建筑模型板材厚度的有机玻璃板一般为 1～5 mm，ABS 板一般为 0.5～5 mm。在挑选板材时，一定要观看规格和质量标准。因为，目前国内生产的薄板材，由于受加工工艺和技术等因素影响，厚度明显不均。因此在选材时要合理地进行搭配。另外，在选材时还应注意板材在储运过程中，材料的表面很可能受到

图 5-5　有机玻璃板模型

不同程度的损伤。往往模型制作人员认为板材加工后还要打磨、上色,有点损伤并无大问题。其实不然,若损伤较严重,即使打磨、喷色后损伤处仍明显留存于表面。所以,在选材时应特别注意板材表面的情况。

在选材时,除了要考虑上述材料自身因素,还要考虑后期制作工序。若无特殊技法表现时,一般选用白色板材进行制作。因为白色板材便于画线,同时也便于后期上色处理。

2. 画线

在材料选定后,就可以进行画线放样。画线放样即根据设计图纸和加工制作要求将建筑的平立面分解并移置在制作板材上。在有机玻璃板和 ABS 板上画线放样有两种方法:其一是利用图纸粘贴替代手工绘制图形的方法,具体操作可参见木质模型的画线方法。其二是测量画线放样法,即按照设计图纸在板材上重新绘制制作图形。

在有机玻璃板和 ABS 板上绘制图形,画线工具一般选用圆珠笔和游标卡尺。用圆珠笔画线时,要先用酒精将板材上面的油污擦干净,再用旧细砂纸轻微打磨一下,将表面的光洁度降低,这样能增强画线时的流畅性。

用游标卡尺画线时,同样先用酒精将板材上面的油污擦干净,但不用砂纸打磨即可画线。用游标卡尺画线,可即量即画,方便、快捷、准确。画线时,游标卡尺用力要适度,只要在表层留下轻微划痕即可。待线段画完后,可用手沾些灰尘、铅粉或颜色,在划痕上轻轻揉搓,此时图形便清晰地显现出来。

3. 切割

在放样完毕后,便可以分别对各个建筑立面进行加工制作。其加工制作的步骤,一般是先进行墙线部分的制作,其次进行开窗部分的制作,最后进行平立面的切割。

在制作墙线部分时,一般是用勾刀做划痕来进行表现的。在用勾刀进行墙线勾勒时,一方面要注意走线的准确性,另一方面要注意下刀力度均匀,勾线深浅要一致。

在墙线部分制作完成后,便可以进行开窗部分的加工制作。这部分的制作方法应视其材料而定。

制作材料是 ABS 板,且厚度在 0.5～1 mm 时,一般用推拉刀或手术刀直接切割即可成型。制作材料是有机玻璃板或板材厚度在 1 mm 以上的 ABS 板时,一般是用曲线锯进行加工制作。具体操作方法是先用手摇钻或电钻在有机玻璃板将要挖掉的部分钻上一个小孔,将锯条穿进孔内,上好锯条便可以接线进行切割。如果使用 1 mm 板材加工时,为了保险起见,可以用透明胶纸或及时贴贴在加工板材背面,从而加大板材的韧性,防止切割破损。

待所有开窗等部位切割完毕后,还要用锉刀进行统一修整。修整时要细心,并且有耐心。修整后,便可以进行各面的最后切割。即把多余部分切掉,使之成为图纸所表现的墙面形状。此道工序除了用曲线锯来进行切割外,还可以用勾刀来进行切割。用勾刀进行切割时,一般是按图样留线进行勾勒。也就是说,勾下的部件上应保留图样的画线。因为勾刀勾勒后的切口是 V 形,勾下后的部件,还需打磨方能使用。所以在切割时应留线勾勒,以确保打磨后部件尺寸的准确无误。

4. 打磨

待切割程序全部完成后,要用酒精将各部件上的残留线清洗干净,若表面清洗后还有痕迹,可用砂纸打磨。打磨后,便可以进行粘接、组合。

5. 粘接组合

有机玻璃板和 ABS 板的粘接和组合是一道较复杂的工序。在这类模型的粘接、组合过程中,一般是按由下而上、由内向外的程序进行。对于粘接形式无需过多地考虑,因为此类模型在成型后还要进行色彩处理。

在具体操作时,首先选择一块比建筑物基底大、表面平整而光滑的材料作为粘接的工作台面,一般选用 5 mm 厚的玻璃板为宜。其次在被粘接物背后用深色纸或布进行遮挡,这样便可以增强与被粘接物的色彩对比,有利于观察。

在上述准备工作完毕,便可以开始进行粘接组合。在粘接有机玻璃板和 ABS 板时,一般选用 502 胶和三氯甲烷作为粘接剂。在初次粘接时,不要一次将粘接剂灌入接缝中,应先采用点粘进行定位。定位后要进行观察。观察时一方面要看接缝是否严密、完好,另一方要看被粘接面与其他构件间的关系是否准确,必要时可用量具进行测量。在认定接缝无误后,再用胶液灌入接缝,完成粘接。在使用 502 胶做粘接材料时,应注意在粘接后不要马上打磨、喷色,因为502 胶不可能在较短的时间内做到完全挥发,若马上打磨喷色,很容易引起粘接处未完全挥发的成分与喷漆产生化学反应,使接缝产生凹凸不平感,影响其效果。在使用三氯甲烷做粘接剂时,虽然不会产生上述情况,但三氯甲烷属有机溶剂,在粘接时,若一次使用太多量的三氯甲烷,极易把接缝处板材溶解成粘糊状,干燥后引起接缝处变形。总之,在使用上述两种粘接剂进行各种形式的粘接时,都应该本着"少量多次"的原则进行。

6. 打磨

当模型粘接成型后,还要对整体再进行一次打磨。打磨重点是接缝处及建筑物檐口等部位。这里应该注意的是,此次打磨应在胶液充分干燥后进行。一般使用 502 胶进行粘接时,需干燥一小时以上;用三氯甲烷进行粘接时,需干燥两小时以上。

打磨一般分两遍进行。第一遍采用锉刀打磨。在打磨缝口时,最常用的是 20.32～25.4 cm 中细度板锉。在使用锉刀时要特别注意打磨方法。一般在打磨中,锉刀是单向用力,即向前锉时用力,回程时抬起,而且还要注意打磨力度要一致,这样才能保证所打磨的缝口平直。第二遍打磨可用细砂纸进行,主要是将第一遍打磨后的锉痕打磨平整。

在全部打磨程序完成后,要对已打磨过的各个部位进行检验。在检验时,一般是用手摸眼观。手摸是利用感觉检查打磨面是否平整光滑;眼观是利用视觉来检查打磨面,在眼观时,打磨面与视线应形成一定角度,避免反光对视觉的影响,从而准确地检查打磨面的光洁度。

在检验后,有些缝口若有负偏差时,则需做进一步加工,其方法有二:

(1)选择与材料相同的粉末,堆积于需要修补处,然后用三氯甲烷溶解,并用刻刀轻微挤压,挤压后放置于通风处干燥。干燥时间越长越好,待胶液完全挥发后再进行打磨。

(2)用石膏粉或浓稠的白乳胶加白色自喷漆进行搅拌,使之成为糊状。然后用刻刀在需要修补处进行填补。填补时应注意该填充物干燥后有较大的收缩,所以要分多次填补才能达到理想效果。

7. 上色

上色是有机玻璃板、ABS板制作建筑主体的最后一道工序。一般此类材料的上色都是用涂料来完成。目前,市场上出售的涂料品种很多,有调和漆、磁漆、喷漆和自喷涂料等。当然在上色时,首选的是自喷漆类涂料。这种上色剂具有覆盖力强,操作简便,干燥速度快,色彩感觉好等优点。

其具体操作步骤是:先将被喷物体用酒精擦拭干净,并选择好颜色合适的自喷漆。然后将自喷漆罐摇动约20秒,待罐内漆混合均匀后即可使用。喷漆时,一定要注意被喷物与喷漆罐的角度和距离。一般被喷物与喷漆罐的夹角在30°~50°之间。喷色距离在300 mm左右为宜。具体操作时应采取少量多次喷漆的原则,每次喷漆间隔时间一般在2~4分钟。雨季或气温较低时,应适当地延长间隔时间。在进行大面积喷漆时,每次喷漆的顺序应交叉进行。即第一遍由上至下,第二遍由左至右,第三遍再由上至下依次转换,直至达到理想的效果。成型的模型如图5-6所示。

图5-6 有机玻璃板+ABS板模型

此外,在喷漆的实际操作中,如果需要有光泽的表层效果时,在喷漆过程中应缩短喷漆距离并均匀地减缓喷漆速度,从而使被喷物表层在干燥后就能形成平整而光泽的漆面。但应该指出的是,在喷漆时,被喷面一定要水平放置,以防漆层过厚而出现流挂现象。如果我们需要亚光效果时,在喷漆过程中要加大喷漆距离和加快喷漆速度,使喷漆在空中形成雾状并均匀地散落在被喷面表层，这样重复数次后漆面便形成颗粒状且无光泽的表层效果。

综上所述，自喷漆是一种较为理想的上色剂。但是由于目前市场上出售的颜色品种有限，从而给自喷漆的使用带来了局限性。如果在进行上色时，在自喷漆中选择不到合适的颜色，便可用磁漆或调和漆来替代。

使用磁漆来进行表层上色时，其操作方法和自喷漆基本相同，但喷漆设备较为复杂，不适合小规模的模型制作，所以这里不做详述。在此主要详细介绍调和漆的使用与操作程序。

调和漆具有宜调和、覆盖力强等特点，是一种用途广泛的上色剂。在进行建筑模型上色时，调和漆的操作方法与程序和我们日常生活中接触到的操作方法和程序截然不同。在日常生活中，常用板刷来进行涂刷，使油漆附着于被涂物的表面。这种方法在日常生活中进行大面积上色时可以使用，但进行建筑模型上色时，就显得太粗糙了。

在使用调和漆进行建筑模型上色时，一般采用是擦涂法。即选用一些细孔泡沫沾上少量经过稀释的油漆，在被处理面上进行涂抹。上色时要注意其顺序，在进行平面上色时，一般是由被处理面中心向外呈放射状依次进行，切忌乱涂或横向排列，否则会影响着色面色彩的均匀度。上色时也不要急于求成，要反复数次。每次上色时必须等上一遍漆完全干燥后，才可进行。这种上色法若操作得当，其效果基本上与自喷漆的效果一致。但这里应该指出的是，在利用擦涂法进行上色过程中，特别要注意以下几点：

①操作环境。因为调和漆和经过稀料稀释后干燥时间较长，一般需要 3～6 小时，所以必须在无尘且通风良好的环境中进行操作和干燥。

②用于抹涂的细孔泡沫在每进行一次上色后应更新，以确保着色的均匀度不受影响。

③在进行调和漆的调色时，使用者要注意醇酸类和硝基类的调和漆不能混合使用。作为稀释用的稀料同样也不能混合使用。

④使用两种以上色彩进行调配的油漆，待下次使用前一定要将表层的干燥漆皮去除并搅拌均匀后才能继续使用。

5.2　地形模型的制作

山地地形制作时，其精度应根据建筑物的主体的制作精度和模型的用途而定。作为工作模型，它是用来研究方案，并作为展示而用。所以，一般山地地形只要山地起伏及高度表示准确就可以了，无需做过多的修饰。作为展示模型，除了要把山地的起伏及高度准确地表现出来外，还要在展示时给人们一种形式美。在制作展示模型的山地地形时，一定要掌握它的制作精度。这里应该指出，制作山地地形并非越细腻越好，而是应该结合建筑主体风格、体量及制作精度考虑。总而言之，山地地形在整个模型中属次要方面，在掌握制作精度时切不可以喧宾夺主。

另外，制作山地地形还应结合绿化来考虑。有时刻意雕啄的山地地形，通过绿化后，裸露的地形已寥寥无几了。所以把绿化因素考虑进去会免去很多无用功。

地形模型制作有四种常用方法，即叠层堆积法、拼削和石膏浆涂抹法、石膏浇灌法和玻璃钢倒模法。目前，山地地形制作一般常采用叠层堆积法和石膏浇灌法两种方式。

5.2.1　叠层堆积法

叠层堆积法比较简单而且比较常用，它根据比例尺寸选择层叠板的厚度，按照等高线形状裁下所需材料，相叠而成。对于山地变化较大的建筑外环境模型制作最常采用的是叠层堆积

法来表现地形,具体步骤如下:

(1)根据模型制作比例和图纸标注,将等高线分成若干等分;

(2)按等分高度选择好厚度适中的轻质型板材,如泡沫板、纤维板、纸板、KT板等;

(3)将等高线分别绘制于板材上;

(4)按绘制的等高线锯切成型;

(5)将切割成型的板用乳胶层层叠粘在一起;

(6)干燥后用刀、砂纸等修正成型。

举例模型如图5-7、图5-8所示。

图5-7 叠层法地形模型

图5-8 堆积法地形模型

5.2.2　拼削和石膏浆涂抹法

拼削和石膏浆涂抹法表现地形的制作步骤如下：

(1)利用轻型板材(如泡沫板)叠加到最高高度后，按照等高线的位置，沿高低方向切削出相应坡度，或直接用大体积的泡沫切削而成；

(2)切削后注意修整成自然坡度，然后涂抹石膏浆，待石膏干燥后，进行进一步休整，之后可以在上面撒粘绿地粉而形成自然的山地。

举例模型如图 5-9 所示。

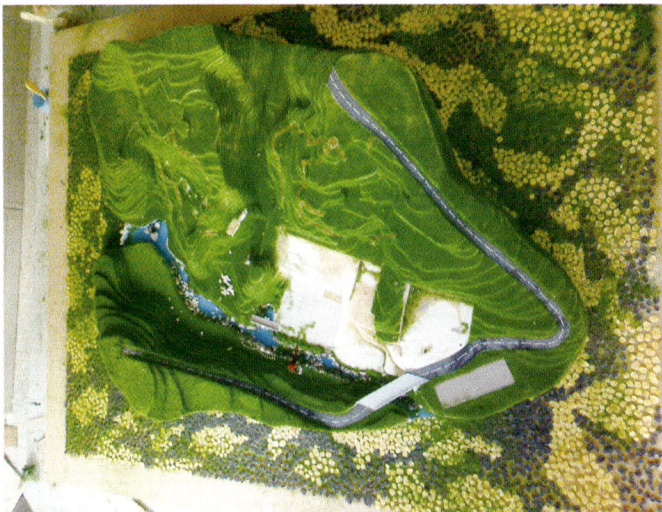

图 5-9　拼削和石膏浆涂抹法地形模型

5.2.3　石膏浇灌法

石膏浇灌法是采用石膏粉加水搅拌后在底盘上做成高低不平的山坡，待干燥后用砂纸打磨即可。石膏浇灌法表现地形的制作具体步骤如下：

(1)将等高线直接绘制在底盘上；

(2)用木棍、竹签或铁钉定出地形的高度变化点；

(3)再用石膏纸浆、泥沙等材料浇灌，可以分层浇灌直至最高点；

(4)然后，用竹片或刀片修整出理想的地形效果。

举例模型如图 5-10 所示。

5.2.4　玻璃钢倒模法

玻璃钢倒模法表现地形的制作具体步骤如下：

(1)先按地形图要求，用黄泥或石膏浆塑造立体山丘坡地等；

(2)然后，按玻璃钢材料的配方在磨具上涂刷，制成轻巧、坚固的空心山丘坡地模型。

5.3　水体模型的制作

在场景模型中，水面是经常出现的配景之一。水面的表现方式和方法，应随其建筑模型的比例及风格变化而变化。作为水面的表现方式和制作方法有以下两种：

图 5-10　石膏浆涂抹法地形模型

第一种制作方法是按照图纸尺寸要求,首先在模型上标出水面形状和位置,注意水面与路面的高差的关系,水面应略低于地平面,然后用有机玻璃或水纹片按高差贴于漏空处,并在板下喷涂蓝色颜料。在制作比例尺寸较小的水面时,可将水面与路面的高度忽略不计,把蓝色塑料写字垫板剪成水面形状尺寸,粘上双面胶直接粘贴在所需安放位置即可。如制作水面面积较大的湖面时,可将场景中水面的形状和位置挖出,将蓝色垫板粘贴在底部相应位置,正面罩上透明有机玻璃,仿真效果较好。举例模型如图 5-11、图 5-12 所示。

第二种制作方法是直接用水纹纸、喷漆大水纹玻璃、水纹 PVC、仿真水纹有机玻璃板(有仿真流水纹、仿真湖水纹、仿真细水纹三种纹理)等材料来制作模型中的水体。举例模型如图 5-13 所示。

5.4　道路和场地模型的制作

5.3.1　道路模型的制作

道路是建筑模型盘面上的一个重要组成部分。道路在室外模型中的表现方法不尽相同,它随着比例尺的变化而变化。模型中道路包括车行主次干道、人行道、街巷道、乡村道路、别墅和景观小路、电车轨道和铁路等几种常见的类型。在制作道路时应根据道路的不同功能选用不同质感和色彩的材料(如彩色粘贴纸、彩色喷绘等技法)。在制作道路时,车行道、人行道、街巷道的两旁要用薄型材料垫高,还要以层次上的变化来增强道路的效果。

(1)主次干道:一般情况下,车行道应选用色彩较深的材料,常用深灰色的即时贴裁剪制作,例如可用黄色、白色即时贴裁剪成细条制成快车道、慢车道、人行道。道路上的横道线也可以用 ABS 板按比例雕刻而成。在实际制作中,具体要根据模型的比例来确定道路的制作方法。

①1∶1000～1∶2000 建筑模型道路的制作方法。

一般来说,1∶1000～1∶2000 的建筑模型就是指规划类建筑模型。在此类模型中,主要

图 5-11 水纹片水体模型

图 5-12 有机玻璃水体模型

是由建筑物路网和绿化构成。因此,在制作此类模型时,路网的表现要求既简单又明了。在颜色的选择上,一般选用灰色。对于主路、辅路和人行道的区分,要统一地放在灰色调中考虑,用其色彩的明度变化来划分路的分类。

图 5-13　仿真水体模型

在选用珠光灰或灰色有机玻璃板做底盘时,可以利用底盘本身的色彩做主路,用浅于主路的灰色表示人行道。辅路色彩一般随主路色彩变化而变化。作为主路、辅路和人行道的高度差,在规划模型中是忽略不计的。

在具体操作时,简单易行的制作方法是用灰色及时贴来表示路网。先用复写纸把图纸描绘在模型底盘上,然后将表现人行道的灰色及时贴裁成若干条,宽度要宽于要表现的人行道宽度,因为待人行道贴好后,上面还要压贴绿地,为了接缝的严密,一般采用压接方法。所以,人行道要宽于实际宽度。待准备工作完毕后,就可按照图纸的实际要求进行粘贴,粘贴时,一般先不考虑道路的转弯半径,而是以直路铺设为主,转弯处暂时处理成直角。

待全部粘贴完毕后,再按其图纸的具体要求进行弯道的处理。规划类道路模型如图5-14所示。

②1∶300以上的建筑模型道路的制作方法。

1∶300以上的建筑模型主要是指展示类单体或群体建筑的模型。在此类模型中,由于表现深度和比例尺的变化,在道路的制作方法上与前者不同。在制作此类模型时,除了要明确示意道路外,制作时,还要把道路的高差反映出来。

在制作此类道路时,可用0.3～0.5 mm的PVC板或ABS板作为制作道路的基本材料。具体制作方法是:首先按照图纸将道路形状描绘在制作板上,然后用剪刀或刻刀将道路准确地剪裁下来,并用酒精清除道路上的画痕。同时,用选定好的自喷漆进行喷色。喷色后即可进行粘贴。

粘贴时可选用喷胶、三氯甲烷或502胶作为粘接剂。在具体操作时,应特别注意粘接面,胶液要涂抹均匀,粘贴时道路要平整,边缘无翘起现象。如道路是拼接的,特别要注意接口处的粘接。粘接完毕后,还可视其模型的比例及制作的深度,考虑是否进行道路的道牙的镶嵌等细节处理。居住区道路模型如图5-15所示。

图 5-14 规划类道路模型

(2)人行道：选用色彩稍浅并有规则的网格状材料。

(3)街巷道：选用色彩浅的材料。

(4)乡村道路：可用 60～100 号黄色砂纸按图纸形状剪裁而成。

(5)别墅和景观小路：常用各类石纹纸制作，也可以由 ABS 板雕刻出图案再上色处理而成。

(6)电车轨道和铁路：既可用铁丝网或黑色塑料窗纱剪裁而成，也可以在透明有机玻璃片上用黑色笔绘制而成。

5.3.2 场地模型的制作

场地，简单说是各类硬质铺装的空地或广场。因此，场地模型的制作主要是考虑如何表现硬质铺装的材质(如砖、石材)和拼花图案。

在模型制作中，场地模型的制作方法可以是在底盘上用刻线或绘线的办法来表现广场砖效果，也可以是在路面上直接粘贴方眼纸、方格墙纸、岗纹纸、石纹纸或有机玻璃来表现机理质感。举例模型如图 5-16 所示。

5.5 配景模型的制作

在室外建筑环境模型的制作中，配景材料选择非常重要，它不仅起到表现设计主题和意图的作用，更丰富了模型的整个画面，使模型效果表现更为真实，起到加强指示说明的作用。配景模型应根据制作建筑环境模型的目的，运用艺术联想规律去发现适合于制作场景配置的各种材料，以达到简洁生动逼真的艺术效果。

图 5-15　居住区道路模型

5.4.1　绿化的制作

绿化形式多种多样，其中包括树木、树篱、草坪、花坛等。因此，它的表现形式也不尽相同。就其绿化的总体而言，既要形成一种统一的风格，又要不破坏与建筑主体间的关系。

用于制作室外模型绿化的材料品种很多，常用的有植绒纸、及时贴、大孔泡沫、绿地粉等。目前，市场上还有各种成型的绿化材料。但因受其种类与价格等因素的制约，而未被广大制作者接受。以上只是介绍了一般常用的绿化材料，其实在生活中的很多物品，甚至是废弃物，通过加工，也可以成为绿化的材料。

下面介绍几种常用的绿化形式和制作方法。

1. 平面绿地

绿地在整个盘面所占的比重是相当大的。在选择绿地颜色时，要注意选择深绿、土绿或橄榄绿较为适宜。因为，选择深色调的色彩显得较为稳重，而且还可以加强与建筑主体、绿化细部间的对比。所以，在选择大面积绿地颜色时，一般选用的是深色调。但这里也不排除为了追求一种形式美而选用浅色调的绿地。在选择大面积浅色调绿地时，应充分考虑与建筑主体的关系。同时，还要通过其他绿化配景来调整色彩的稳定性，否则将会造成整体色彩的漂浮感。

另外，在选择绿地色彩时，还可以视其建筑主体的色彩，采用邻近色的手法来处理。如建

图 5-16 场地模型

筑主体是黄色调时,可选用黄褐色来处理大面积绿地,同时配以橘黄或朱红色的其他绿化配景。采用这种手法处理,一方面可以使主体和环境更加和谐,另一方面还可以塑造一种特定的时空效果。

绿地虽然占盘面的比重较大,但在色彩及材料选定后,制作方法也较为简便,主要有以下几种:

(1)植绒纸法。

首先,按图纸的形状将若干块绿地剪裁好。因为植绒纸方向不同,在阳光的照射下,则呈现出深浅不同的效果。所以,使用植绒纸时一定要注意材料的方向性。

待全部绿地剪裁好后,便可按其具体部位进行粘贴。在选用及时贴类材料进行粘贴时,一般先将一角的覆背纸揭下进行定位,并由上而下进行粘贴。粘贴时,一定要把气泡挤压出去。如不能将气泡完全挤压出去,亦不要将整块绿地揭下来重贴。因为及时贴属塑性材质,下揭时,用力不当会造成绿地变形。所以,遇气泡挤压不尽时,可用大头针在气泡处刺上小孔进行排气,这样便可以使粘贴面保持平整。植绒纸法模型如图 5-17 所示。

(2)仿真草皮或纸材法。

在选用仿真草皮或纸类做绿地进行粘贴时,要注意粘合剂的选择。如果是往木质或纸类的底盘粘贴时,可选用白乳胶或喷胶。如果是往有机玻璃板底盘上粘贴,则选用喷胶或双面胶带。在用白乳胶进行粘贴时,一定要注意胶液稀释后再用。在选用喷胶粘贴时,一定要选用77 号以上的高粘度喷胶,切不可选用 77 号以下低粘度喷胶。

(3)喷漆法。

此外,现在还比较流行的是用喷漆的方法来处理大面积绿地,此种方法操作较为复杂。首先,要选择好合适的喷漆。一般选择的是自喷漆,因为自喷漆操作简便。其次,要按绿地具体形状,用遮挡膜对不做喷漆的部分进行遮挡。在选择遮挡膜时,要注意选择弱胶类,以防喷漆

图 5-17　植绒纸法模型

后揭膜时,破坏其他部分的漆面。

　　另一种方法是先用厚度为 0.5 mm 以下的 PVC 板或 ABS 板,按其绿地的形状进行剪裁,然后再进行喷漆,待全部喷完干燥后进行粘贴。此种方法适宜大比例模型绿地的制作。因为这种制作方法可以造成绿地与路面的高度差,从而更形象、逼真地反映环境效果。

　　2. 山地绿地

　　山地绿地与平地绿地的制作方法不同。平地绿地是运用绿化材料一次剪贴完成的,而山地绿地,则是通过多层制作而形成的。

　　山地绿地的基本材料常用自喷漆、绿地粉、胶液等。具体制作方法是:先将堆砌的山地造型进行修整,修整后用废纸将底盘上不需要做绿化的部分,进行遮挡并清除粉末。然后,用绿色自喷漆做底层喷色处理。底层绿色自喷漆最好选用深绿色或橄榄绿色。喷色时要注意均匀度。待第一遍漆喷完后,及时对造型部分的明显裂痕和不足进行再次修整。修整后再进行喷漆。待喷漆完全覆盖基础材料后,将底盘放置于通风处进行干燥,待底漆完全干燥后,便可进行表层制作。表层制作的方法是:先将胶液(胶水或白乳胶)用板刷均匀涂抹在喷漆层上,然后将调制好的绿地粉均匀地撒在上面。在铺撒绿地粉时,可以根据山的高低及朝向做些色彩的变化。在绿地粉铺撒完后,可进行轻轻的挤压。然后,将其放置一边干燥。干燥后,将多余的粉末清除,对缺陷再稍加修整,即可完成山地绿化。土地绿地模型如图 5-18 所示。

　　3. 树木

　　树木是绿化的一个重要组成部分。在我们生活的大自然中,树木的种类、形态、色彩千姿百态。我们要把大自然的各种树木浓缩到不足描尺的建筑模型中,这就需要模型制作者要有

图 5-18 山地绿地模型

高度的概括力及表现力。制作建筑模型的树木有一个基本的原则,即似是非是。换言之,在造型上,要原于大自然中的树;在表现上,要高度概括。就其制作树的材料而言,一般选用的是泡沫、毛线、纸张等。

(1)用泡沫塑料制作树的方法。

制作树木用的泡沫塑料,一般分为两种。一种是一般我们常见的细孔泡沫塑料,也就是我们俗称的海绵。这种泡沫塑料密度较大,孔隙较小。此种材料制作树木局限性较大。另一种是模型制作者常说的大孔泡沫塑料,其密度较小,孔隙较大,它是制作树木的一种较好材料。

上述两种材料在制作树木的表现方法上有所不同。一般可分为抽象和具象两种表现方式。

①树木抽象的表现方法:一般是指通过高度概括和比例尺的变化而形成的一种表现形式。在制作小比例尺的树木时,我们常把树木的形状概括为球状与锥状,从而区分阔叶与针叶的树种。

在制作阔叶球状树时,常选用大孔泡沫塑料。大孔泡沫塑料孔隙大,蓬松感强,表现效果强于细孔泡沫塑料。在具体制作中,首先将泡沫塑料按其树冠的直径剪成若干个小方块,然后修其棱角,使其成为球状体,再通过着色就可以形成一棵棵树木。有时为了强调树的高度感,还可以在树球下加上树干。

在制作针叶锥状树时,常选用细孔泡沫塑料。细孔泡沫塑料孔隙小,其质感接近于针叶树的感觉。另外,一般这种树木常与树球混用。所以,采用不同质感的材料,还可以丰富树木的层次感。在制作时,一般先把泡沫塑料进行着色处理,颜色要重于树球颜色,然后用剪刀剪成锥状体即可使用。

②树木的具象表现方法:所谓具象实际上是指树木随模型比例的变化和建筑主体深度的变化而变化的一种表现形式。我们在制作 1∶300 以上大比例的模型树木时,绝不能以简单的

球体或锥体来表现树木,而是应该随着比例尺以及模型深度的改变而改变。

在制作具象的阔叶树时,一般要将树干、枝、叶等部分表现出来。在制作时,先将树干部分制作出来。制作方法是:将多股电线的外皮剥掉,将其裸铜线拧紧,并按照树木的高度截成若干节,再把上部枝杈部位劈开,树干就制作完成了。随后将所有的树干部分统一进行着色。树冠部分的制作,一般选用细孔泡沫塑料。在制作时先进行着色处理,染料一般采用广告色或水粉色。着色时可将泡沫塑料染成深浅不一的色块,干燥后进行粉碎,粉碎颗粒可大可小。然后将粉末放置在容器中,将事先做好的树干上部涂上胶液,再将涂有胶液的树干部分在泡沫塑料粉末中搅拌,待涂有胶液部分粘满粉末后,将其放置于一旁干燥。胶液完全干燥后,可将上面沾有的浮粉末吹掉,并用剪子修整树形,整形后便可完成此种树木的制作。

在制作此类树木时,应该注意以下两点:

a. 在制作枝干部分时,切忌千篇一律。

b. 在涂胶液时,枝干部分的胶液要涂得饱满些,在沾粉末后,会使树冠显得比较丰满。

在制作针叶树木时,可选用毛线与铁丝(见图5-19)作为基本材料。在具体制作时,先将毛线剪成若干段,长度略大于树冠的直径。然后再用数根细铁丝拧在一起作为树干。在制作树冠部分时,可将预先剪好的毛线夹在中间继续拧合。当树冠部分达到高度要求时,用剪刀将铁丝剪断,然后再将缠在铁丝上的毛线劈开,用剪刀修成树形即成。

此外,用泡沫塑料也可以制作此类树木。具体制作方法和步骤与制作阔叶树木一样。但不同的是树冠直径较大,可先用泡沫塑料做成一个锥状体的内芯,然后再用胶液贴上一定厚度粉末,这样制作比较容易掌握树的形状。具象树模型制作如图5-20所示。

图5-19 铁丝树型

图5-20 具象树模型制作

(2)用干花制作树的方法。

在用具象形式表现树木时,使用干花作为基本材料制作树木是非常简便且效果较佳的一种方法。

干花是一种天然植物,经脱水和化学处理后可以形成一种植物花,其形状各异。在选用干花制作时,首先要根据建筑模型的风格、形式选取一些干花作为基本材料。然后用细铁丝进行捆扎,捆扎时应特别注意树的造型,尤其是枝干的疏密要适中。捆扎后,再人为地进行修剪。如果树的色彩过于单调,可用自喷漆喷色,喷色时应注意喷漆的距离,保持喷漆呈点状散落在树的枝叶上。这样处理能丰富树的色彩,视觉效果非常好(见图5-21)。

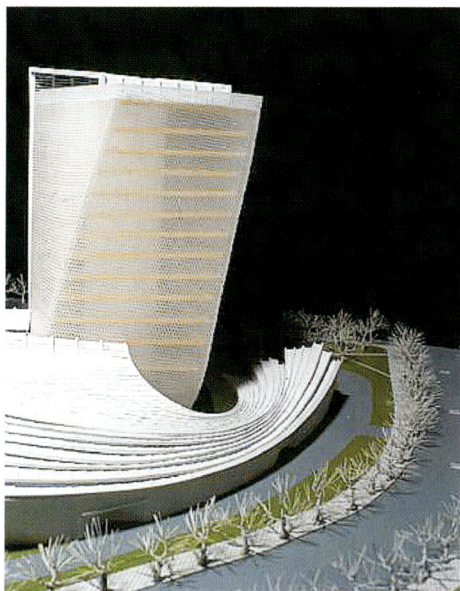

图5-21 枯树枝模型

另外,干花用于处理室内模型环境时,寥寥数笔的点缀,便可以使人产生一种温馨的感觉,极富感染力。

总之,这种干花虽然在品种、色彩上有其局限性,但只要表现手法得当,便能收到事半功倍的效果。

(3)用纸制作树的方法。

利用纸制作树木是一种比较流行且较为抽象的表现方法。在制作时,首先选择好纸的色彩和厚度,最好选用带有肌理的纸张。然后,按照尺度和形状进行剪裁。这种树一般是由两片纸进行十字插接组合而成。为了使树体大小基本一致,在形体确定后,可制作一个模板进行批量制作,这样才能保证树木的形体和大小整齐划一。

4. 树篱

树篱是由多棵树木排列组成,通过剪修而成型的一种绿化形式。

在表现这种绿化形式时,如果模型的比例尺较小时,可直接用渲染过的泡沫,按其形状进行剪贴即可;模型比例尺较大时,在制作中就要考虑它的制作深度、造型和色彩等。

在具体制作时,需要先制作一个骨架,其长度与宽度略小于树篱的实际尺寸。然后将渲染过的细孔泡沫塑料粉碎。粉碎时,颗粒的大小应随模型尺度而变化。待粉碎加工完毕后,将事先制好的骨架上涂满胶液,用粉末进行堆积。堆积时,要特别注意它的体量感。若一次达不到预期的效果,可待胶液干燥后,按上述程序重复进行。具体如图5-22、图5-23所示。

图 5-22　树篱模型制作

图 5-23　花篱模型

5.树池和花坛

树池(见图 5-24)和花坛(见图 5-25)也是环境绿化中的重要组成部分。虽然面积不大，但若处理得当，则起到画龙点睛的作用。

制作树池和花坛的基本材料，一般选用绿地粉或大孔泡沫塑料。

(1)绿地粉制作法。

在选用绿地粉制作时，先将树池或花坛底部用白乳液或胶水涂抹，然后撒上绿地粉。撒完后，用手轻轻按压。按压后，再将多余部分处理掉。这样便完成了树池和花坛的制作。这里应该强调指出的是，选用绿地粉色彩时，应以绿色为主，可加少量的红黄粉末，从而使色彩感觉上更贴近实际效果。

(2)大孔泡沫塑料制作法。

在选用大孔泡沫塑料制作时，先将染好的泡沫塑料块撕碎，然后沾胶进行堆积，即可形成树池或花坛。在色彩表现时，一般有两种表现形式：①由多种色彩无规律地堆积而形成。②自然退晕，即由黄逐渐变换成绿，或由黄到红等逐渐过渡而形成的一种退晕表现方法。另外，在

图 5-24　树池模型

图 5-25　花坛模型

处理外边界线时,和用绿地粉处理方法截然不同。用大孔泡沫塑料进行堆积时,外边界线要自然地处理成参差不齐的感觉,这样处理的效果更自然、别致。

5.4.2　假山、雕塑、浮雕的制作

假山、雕塑、浮雕等配景物在整体建筑模型中所占的比例相当小,但就其效果而言,往往起到了画龙点睛的作用。一般来说,多数模型制作者在表现这类配景时,在材料的选用和表现深度上掌握不准。

1. 假山

利用碎石块、废煤渣、小鹅卵石、小贝壳、碎有机玻璃块、橡皮泥、各种做盆景的吸水石、大孔泡沫塑料,通过粘合喷色可以制作形态各异的假山。泡沫假山模型如图 5-26 所示。

图 5 - 26　泡沫假山模型

2. 雕塑和浮雕

雕塑是利用橡皮、粉笔、纸、黏土、石膏、铁丝、彩色曲别针等材料,根据需要作雕刻、喷色处理而成,还可以利用自行车的钢丝、钢珠、不锈钢片、玻璃球以及厚纸贴不锈钢等材料来制作。浮雕是利用薄金属片(如钢片)裁剪,用刻蜡纸的铁笔在金属片的背面画上图案,也可以用ABS塑料板雕刻出图案。

在表现形式和深度上要根据模型的比例和主体深度而定。一般来说,在表现形式上要抽象化。因为这类小品的物象是经过缩微的,没有必要,也不可能与实物完全一致。有时,这类配景过于具象往往会引起人们视觉中心的转移。同时,也不免产生几分工匠制作的味道。因此一定要合理地选用材料,恰当地运用表现形式,准确地掌握制作深度。只有做到三者有机的结合,才能处理好建筑小品的制作,同时达到预期的效果。具体如图 5 - 27、图 5 - 28 所示。

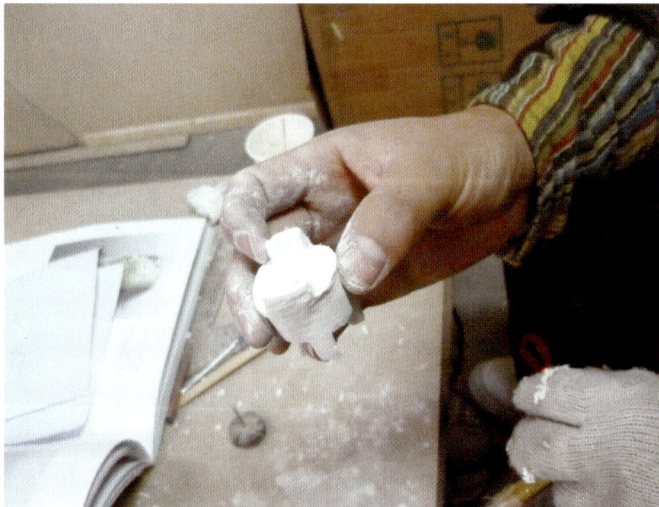

图 5 - 27　纸黏土雕塑模型制作

图 5-28　金属片浮雕墙模型

5.4.3　小品设施的制作

在建筑外环境中,建筑小品可以起到丰富、活跃、点缀环境的作用。对于小品设施的制作材料和方法很多。既可以寻找旧小玩具、小饰品、牙签等可利用的材料进行拼接、粘接成所需小品的方法;也可以用石膏或石蜡进行翻模制作;还可用橡皮、黏土、石膏等可塑性强、容易加工雕刻的材料。景观亭模型的制作和成型如图 5-29、图 5-30 所示。

图 5-29　景观亭模型结构制作

例如,对于滨水景观环境中的桥梁模型可以采用牙签密排粘接、KT 板切割、卡纸折制成桥体的骨架结构,用木条、细线来制作拉索;对于经常出现的围墙、栅栏、护栏模型可以采用卡

图 5 - 30　景观亭模型

纸细条、有机玻璃条、牙签、窗纱、钢网、半透明胶片、墙纸等材料剪裁而成。

再如,可以用有机玻璃、ABS 板、PVC 塑料、泡沫塑料片制作遮阳雨篷、公园体育设施、座椅等其他公共设施;可用细钢丝、铜丝或大头针制作道路两旁的路灯。

1. 路灯

在大比例尺模型中,有时在道路边或广场中制作一些路灯作为配景,在制作此类配景物时,应特别注意尺度。此外,还应注意在设计人员没有选形的前提下,制作时还应注意路灯的形式与建筑物风格及周围环境的关系。

在制作小比例尺路灯时,最简单的制作方法是,将大头针带圆头的上半部用钳子折弯,然后,在针尖部套上一小段塑料导线的外皮,以表示灯杆的基座部分。这样,一个简单的路灯便制作完成了。

在制作较大比例尺的路灯时,将大头针的头用钳子折弯(最好采用衬衫包装上带圆头珠的大头针),采用细钢丝、铜丝、人造项链珠及各种不同的小饰品,通过不同的组合方式可制作出各种形式的路灯。举例路灯模型如图 5 - 31 所示。

2. 路牌

路牌是一种示意性标志物,由两部分组成。一部分是路牌架,另一部分是示意图形。在制作这类配景物时,首先要按比例以及造型,将路牌都制作好。然后,进行统一喷漆。路牌架的色彩一般选用灰色。待漆喷好后,就可以将各种示意图形贴在牌架上,并将这些牌架摆放在盘面相应的位置上。在选择示意图形时一定要用规范的图形,若比例尺不合适,可用复印机将图形缩至合适比例。

3. 围栏

围栏的造型多种多样。由于比例尺及手工制作等因素的制约,很难将其准确地表现出来。因此,在制作围栏时,应加以概括。

制作小比例的围栏时,最简单的方法是先将计算机内的围栏图像打印出来,必要时也可用手绘。然后将图像按比例用复印机复印到透明胶片上,并按其高度和形状裁下,粘在相应的位置上,即可制作成围栏。

图 5 – 31　路灯模型

还有一种方法是利用划痕法制作。首先,将围栏的图形用勾刀或铁笔在 1 mm 的透明有机板上作划痕,然后用选定的乳胶进行涂染,并擦去多余的颜色,即可制作成围栏。此种围栏的制作方法在某种意义上说,与上述介绍的表现形式差不多,但后者就其效果来看,有明显的凹凸感,且不受颜色的制约。

在制作大比例尺的围栏时,上述的两种方法则显得较为简单。为了使围栏表现得更形象与逼真,可以用金属线材通过焊接来制作围栏。其制作的方法是,先选取比例合适的金属线材,一般用细铁丝或漆包线均可。然后,将线材拉直,并用细砂纸将外层的氧化物或绝缘漆打磨掉,按其尺寸将线材分成若干段,待下料完毕后,便可进行焊接。焊接时,一般采用锡焊,选用瓦数较小的电烙铁。在具体操作时,先将围栏架焊好,然后再将栅条一根根焊上去即可。用锡焊接时,焊口处要涂上焊锡膏,这样能使接点平润、光滑。另外,在焊接栅条时,要特别注意排列整齐。焊接完毕,先用稀料清洗围栏上的焊锡膏,再用砂纸或锉刀修理各焊点,最后进行喷漆。这样便可制作出一组组精细别致的围栏。

我们还可以利用上述方法来制作扶手、铁路等各种模型配景。

此外,在模型制作中,若要求仿真程序较高时,也不排除使用一些围栏成品部件。举例围栏模型如图 5 – 32 所示。

5.4.4　标题字、指北针、比例尺的制作

标题字、指北针、比例尺等是建筑模型的又一重要组成部分。它一方面具有示意性功能,另一方面也具有装饰性功能。有些模型制作者往往只注重了前者,而忽视了后者。从而常常草草了之,结果破坏了模型的整体效果。下面就介绍几种常见的制作方法:

1. 有机玻璃制作法

用有机玻璃将标题字、指北针及比例尺制作出来,然后将其贴于盘面上,这是一种传统的方法。此种方法立体感较强,较为醒目。其不足之处是由于有机玻璃板颜色过于鲜艳,往往和盘内颜色不协调。另外,在制作过程中,标题字很难加工得很规范。所以已现在很少采用此种方法来制作。

图 5 - 32　围栏模型

2. 及时贴制作法

目前较多模型制作人员采用此种方法来制作标题字、指北针及比例尺。此种方法是,先将内容用电脑刻字机加工出来。然后,用转印纸将内容转贴到底盘上。利用此种方法加工制作过程简捷、方便,而且美观、大方。另外,及时贴的色彩丰富,便于选择。具体如图 5 - 33 所示。

图 5 - 33　及时贴法制作

3. 腐蚀板及雕刻制作法

腐蚀板及雕刻制作法是档次比较高的一种表现形式。

腐蚀板制作法是用 1 mm 左右厚的铜板作基底,用光刻机将内容拷在铜板上,然后用三氯化铁腐蚀,腐蚀后进行抛光,并在阴字(腐蚀出的凹下去的字)上涂漆,即可制得漂亮的文字标盘。

雕刻制作法是用单面金属板为基底,将所要制作的内容,用雕刻机在金属层刻除后,即可制成。具体如图 5 - 34 所示。

图 5 - 34　雕刻法制作

以上介绍的几种方法由于加工工艺较为复杂,并且还需专用设备,因此一般都是委托他人加工制作。这几种方法虽然制作工艺不同,但效果基本上一致。

总之,无论采用何种方法来表现这部分内容,文字内容都要简单明了,在字的大小选择上要适度,切忌喧宾夺主。

5.4.5　声、光、电效果的制作

模型沙盘除了制作精确美观外,通常还要有相应的灯光、机械动作配合,以达到形式上的真实感与夜景效果,增添艺术色彩,全方位展示模型的真实效果,改变传统模型静态的展示形式。这就需要借助于声、光、电、多媒体等技术手段,来创作出极具震撼力的室外环境模型(见图 5 - 35)。常用的灯光、动作技术手段有如下几种:

图 5 - 35　声光电技术模型

1. 模型灯光制作

在室内设计模型中,配置不同亮度和不同颜色的灯光,灯光的区分会使室内空间中的不同功能分区一目了然。如果是复式建筑室内空间环境,楼体分层的亮灯,会使建筑增添了不少艺术的色彩,显得更加真实。

在室外环境模型中,通过在绿色丛中、花池中埋置高亮度彩色地灯作环境灯光,采用造型

美观高亮度的观赏灯作庭院灯,选择在主干道,道路两侧设置闪亮的路灯来实现夜景效果。

要实现室内外环境模型的灯光演示,就需要了解模型中常用的灯具有哪些。按用途不同可分别采用以下灯具:

(1)发光二极管(LED):利用发光二极管的寿命长、亮度高、色彩鲜艳等特点,使用红、黄、兰、绿、白、紫等各色高亮度发光管作为重点建筑、小区的标志灯光,使观看者易于区分。使用时可采用变压器降压,功耗极低。

(2)发光线:发光线是近年来一种新兴的发光器件,以其颜色多、功耗低、寿命长、长短任意、可弯曲的特点在模型沙盘行业具有广阔的使用前景。在大比例模型沙盘上,发光线作为公路线、铁路线以及区域划分线具有很好的效果。

(3)发光片(EL):具有功耗低、寿命长、无发热的特点,是典型的冷光源,适合在模型沙盘上体现区域等平面发光效果,面积和形状可以裁减定制。

(4)微型低压灯泡:具有体积小、亮度高的特点,可作为部分建筑的内部照明或小比例模型的道路灯光等,具有很好的效果,使用时采用变压器降压驱动,一般额定电压为 1.2V 。

(5)射灯:利用滑轨或支架支撑,从模型顶部或侧面进行照明,使整体模型处于类似舞台灯光的笼罩之下,在很大程度上增强视觉效果。

(6)小型荧光灯管:可作为部分重要建筑的内部光源,采用电子镇流器,无噪音、寿命长。

2.模型机械机构制作

模型机械机构制作主要有以下两种方法:

(1)机械升降平台:利用机械传动原理,使用电动液压升降平台带动重点区域的模型自动升降,可使模型上重点区域升起,突出展示给参观者。

(2)其他电动模型:利用微型直流电机驱动,使模型上车辆、电梯等可活动部件运动起来,使整体模型更加生动。

5.6　建筑外环境模型赏析

图 5-36　室外环境模型一

图 5-37　室外环境模型二

图 5-38　室外环境模型三

图 5-39　室外环境模型四

图 5-40　室外环境模型五

图 5 - 41　室外环境模型六

图 5 - 42　室外环境模型七

图 5-43　室外环境模型八

图 5-44　室外环境模型九

图 5 - 45　室外环境模型十

第6章　安全防范

在设计和制作模型时,特别是大型模型,需要用较多的设备和工具,为了防止事故发生,必须严格强调安全操作规程。对在制作过程中经常会使用到的稀释溶剂、油漆与涂料、粘接剂等材料,必须特别注意防火防毒,保证个人人身安全。

6.1　工具的正确使用

"工欲善其事,必先利其器"。当进行手工加工制作模型时,除了必要的物质材料为基础外,加工设计和工具是发挥手工技巧、提高劳动效率的保证。

1. 要按正确方法使用

加工工具刃面很多,而且又非常锋利,使用中切勿粗心大意,否则容易发生严重伤残事故。

(1)裁纸刀、勾刀、凿子、斧头等要注意手的拿法,正确掌握操作要领。砍、切、削木材或塑料材料时,注意勿伤手脚。

(2)使用手工锯、手工刨、电锯、电刨时,极易伤手脚;使用曲线锯、型材切割机等均应注意正确操作方法,以防事故。

(3)电烙铁使用前应检查是否漏电,如有漏电应找出原因,待排除后方能使用。使用完后应注意断掉电源并拔出插头,以防过热引起火灾。

2. 工具的正确放置

(1)工具要分类存放,摆放整齐,不用的要放到工具箱内。

(2)工具和量具不能随意堆放,避免锋利刀口面受到损伤。

(3)要养成爱护工具的习惯,在工具使用完后,要及时擦干净。有些工具要涂抹防锈油以防生锈。

6.2　防火与防毒

在模型制作的全过程中,经常使用的材料,如木材、纸材、塑料材、粘接用的粘接剂、稀释溶剂、油漆与涂料、装饰材料等,大多数均系易燃和有毒物质。因此,必须特别注意防火防毒的安全问题。

1. 防火

(1)模型制作中的各种材料,除对木材、纸材、塑料材防护外,还应特别注意涂饰材料。如苯类、醇类、酯酮类等,均属挥发性易燃品,其闪点高,着火力强,且有爆炸性危险。稀释溶剂、香蕉水、酒精、松节油及油漆涂料等,它们的闪点都高,也属挥发性和易燃物品。储存时盛装的瓶和桶,应严密封口,妥善存放,置于阴凉干燥地方,杜绝阳光暴晒,并要远离火爆。工作时擦拭后的棉纱头(布)和废纸,在工作结束后,要清除干净。

(2)在溶剂使用中过程中,如调漆、喷漆、刷涂、浸涂等,以及粘胶剂的调配,都应严禁烟火。

(3)在上述工作环境中,要配备各种消防器材和工具,如水缸(水池)及灭火器、沙箱、提水桶、钩铲等工具,以防意外火灾发生时急用。

(4)有条件的地方和单位,应配备一些设备,如抽排气扇、冲洗水管及装有水源的水龙头,使之能保持室内通风良好、场地干净、不留污染物。

2.防毒

(1)有毒物质的危害。

①各种油漆、涂料、稀释溶剂,属于有机化学材料。按其类别不同,分别含有苯、铅、氨基、硝基等对人体极其有害的成分。尤其是硝基如渗透浸入人体内,可与氨质产物结合而成为亚硝胺类物质,科学科研究证明,此类物质具有很强的致癌作用。

另外大部分有机化学物质,可使人的机体发生过敏。油漆稀释溶剂中含有的苯、甲苯、甲二苯均有毒。甲醇有剧毒,不能单独使用。某些涂料中含有微量甲醇,如硝基稀释溶剂、香蕉水、甲异丙酮、环乙酮以及工业溶剂中常用的乙醇、丁醇等,其沸点低、挥发快、毒性大,易吸入气管。工作时挥发出来大量溶剂蒸气,在浓度高时对人体神经有严重的刺激,危害极大,能造成人抽筋、头晕、昏迷、瞳孔放大等症状。一般低浓度时也会使人产生头痛、恶心、疲劳和腹痛等症状。长期接触上述物质,会使人食欲减退,并且损坏造血系统,发生慢性中毒。

②在其他涂料中,也含有有毒物质,如颜料中的红丹、铅、铬黄等,在使用时应有一定的预防措施,以防止某些涂料引起急性和慢性铅中毒。

(2)涂饰中的安全措施。

①操作人员使用稀释溶剂和各种漆液,在刷涂与喷涂时,必须戴好口罩、防护帽和手套,穿好工作服,外露皮肤涂上医用凡士林,以防溶剂蒸气挥发而吸入人体和接触皮肤。

②在操作室内工作时,应开启通风设备,抽排出残存漆雾和溶剂蒸发的气体,如没有抽排气设备,应打开窗户和门通风。

③操作完毕后,应及时清洗漆具。尽量不使皮肤接触溶液,工作完后揩去皮肤上的凡士林,再用湿水和肥皂洗净手脸并漱口。

④扫去身上的灰尘,脱去工作服和工作帽。

⑤关掉电源,清除一切杂物。

3.粘胶剂的安全使用

粘胶剂均有一定的刺激性和毒性。在进入人体后,能与人体的有机组织发生化学反应,破坏正常人的生理功能,有些有毒物质在人体内长期积累会发生慢性中毒现象,或者引起急性中毒甚至使人丧失生命。

(1)中毒途径。

①有害物质经呼吸道进入人体。

②有害物质经消化道浸入人体。

③有害物质经皮肤表面侵入人体。

(2)安全措施。

①一定要严格按照操作规程工作。

②造作场所一定要保证良好的通风。有条件的单位要安装排风扇(或抽气扇),能迅速抽出有害气体。

③如大面积粘胶操作时,要穿工作服及戴防护用口罩、手套和眼镜等。遇到皮肤过敏时,要立即用肥皂水洗手,并迅速排除室内异味气体,在门外吸入新鲜空气后,再进入室内工作。

④凡在操作室内工作时,严禁进食饮水,操作完毕要用肥皂冲洗或淋浴及漱口。

⑤粘胶剂要注意防火安全,存储时要放置阴凉可靠之处。

参考文献

[1]周忠龙.工业设计模型制作工艺[M].北京理工大学出版社,1995.

[2]黄信,张凌,曹喆.建筑模型制作教程[M].武汉:华中科技大学出版社,2013.

[3]张锡.设计材料与加工工艺[M].2版.北京:化学工业出版社,2010.

[4][日]远藤义则.建筑模型制作[M].朱波,李娇,夏霖,等,译.北京:中国青年出版社,2013.

[5]孟春芳.环境模型制作[M].南京:江苏美术出版社,2007.

[6]李敬民.建筑模型设计与制作[M].北京:中国轻工业出版社,2001.

[7]孙凤崧.家具设计[M].2版.北京:中国建筑工业出版社,2007.

[8]黄之森.胶粘剂应用技术[M].南京:江苏科技出本社,1986.

普通高等教育"十二五"艺术设计类专业系列规划教材

> **基础类**
- (1)素描
- (2)色彩
- (3)设计素描
- (4)设计色彩
- (5)平面构成
- (6)色彩构成
- (7)立体构成
- (8)设计概论
- (9)速写
- (10)艺术鉴赏
- (11)数码摄影基础
- (12)艺术设计史
- (13)中国工艺美术史

> **视觉传达设计类**
- (1)装饰造型基础
- (2)字体设计
- (3)图形创意
- (4)商业插画
- (5)标志设计
- (6)CI 设计
- (7)版式设计
- (8)包装设计
- (9)网页设计与制作
- (10)书籍装帧设计
- (11)品牌形象设计
- (12)装饰图案设计
- (13)插画设计
- (14)广告设计
- (15)展示设计
- (16)招贴设计
- (17)图案

> **环境艺术设计类**
- (1)印刷设计与工艺
- (2)建筑速写
- (3)室内设计原理
- (4)公共设施与环境艺术小品
- (5)居住区规划设计
- (6)居住空间设计
- (7)家具设计与陈设

- (8)商业空间设计
- (9)建筑制图
- (10)建筑设计初步
- (11)装饰材料与工艺
- (12)环境艺术设计原理
- (13)建筑装饰材料及施工
- (14)装饰造型基础工程造价
- (15)园林景观设计
- (16)景观设计
- (17)3ds Max 表现技法
- (18)Auto CAD 设计表现

> **动漫设计类**
- (1)动画造型
- (2)动画运动规律
- (3)原画设计
- (4)动画角色造型
- (5)动画场景设计
- (6)视听语言
- (7)动画短片设计
- (8)多媒体技术基础
- (9)摄影与摄像
- (10)影视后期制作
- (11)专业摄影
- (12)二维动画
- (13)三维动画
- (14)计算机仿真
- (15)视频多媒体生成

> **工业造型设计类**
- (1)透视学
- (2)造型基础
- (3)计算机辅助设计
- (4)材料开发设计
- (5)模型设计与制作
- (6)雕塑制模
- (7)人体工程学

> **软件应用**
- (1)Core ID RAW 软件
- (2)Photoshop 软件
- (3)3ds Max 软件

图书在版编目(CIP)数据

室内外环境模型制作/张文瑞,王鑫主编.—西安:
西安交通大学出版社,2013.12(2020.1重印)
ISBN 978-7-5605-5863-9

Ⅰ.①室… Ⅱ.①张… ②王… Ⅲ.①建筑设计-环
境设计-模型(建筑)-制作 Ⅳ.①TU-856②TU205

中国版本图书馆 CIP 数据核字(2013)第 290487 号

书 名	室内外环境模型制作	
主 编	张文瑞 王鑫	
责任编辑	赵怀瀛	
出版发行	西安交通大学出版社	
	(西安市兴庆南路 1 号 邮政编码 710048)	
网 址	http://www.xjtupress.com	
电 话	(029)82668357 82667874(发行中心)	
	(029)82668315(总编办)	
传 真	(029)82668280	
印 刷	陕西金德佳印务有限公司	
开 本	787mm×1092mm 1/16 **印张** 6.5 **字数** 152 千字	
版次印次	2014 年 2 月第 1 版 2020 年 1 月第 5 次印刷	
书 号	ISBN 978-7-5605-5863-9	
定 价	42.00 元	